生物质废弃物
在能源材料中的应用研究

The Applicaion Research of Biomass Waste
in Energy Materials

解晓华 著

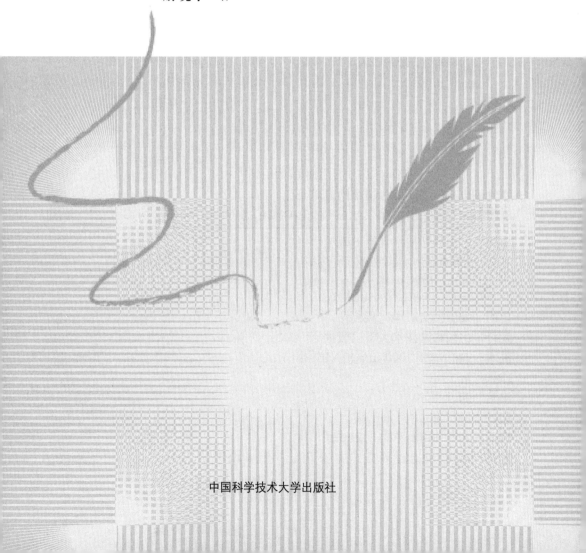

中国科学技术大学出版社

内 容 简 介

本书聚焦生物质废弃物在储能器件领域的应用现状、构效关系,阐述了生物炭作为电极的特点及发展前景,介绍了此类体系的研究方法及研究结果。全书共 6 章,详细介绍了生物质废弃物的应用领域、分类和研究方法、生物炭辅助非富勒烯类物质在太阳能电池中的应用和镍钴掺杂农业废弃物基生物炭的储钠性能研究。

本书可供从事能源材料分子设计、生物质废弃物资源化、材料构效关系研究的工作者参考借鉴。

图书在版编目(CIP)数据

生物质废弃物在能源材料中的应用研究 / 解晓华著. -- 合肥:中国科学技术大学出版社,2024.12. -- ISBN 978-7-312-06129-5

Ⅰ. TK01

中国国家版本馆 CIP 数据核字第 20240GV656 号

生物质废弃物在能源材料中的应用研究

SHENGWUZHI FEIQIWU ZAI NENGYUAN CAILIAO ZHONG DE YINGYONG YANJIU

出版	中国科学技术大学出版社
	安徽省合肥市金寨路 96 号,230026
	http://www.press.ustc.edu.cn
	https://zgkxjsdxcbs.tmall.com
印刷	安徽国文彩印有限公司
发行	中国科学技术大学出版社
开本	710 mm×1000 mm　1/16
印张	5
字数	96 千
版次	2024 年 12 月第 1 版
印次	2024 年 12 月第 1 次印刷
定价	30.00 元

前　　言

随着传统化石能源的日益枯竭和环境问题的持续加剧，探索和开发可再生、环保的新能源材料已成为全球共识。生物质废弃物作为一种储量丰富、可再生的自然资源，其在能源材料领域的有效利用，不仅能够缓解能源危机，还能减少环境污染，促进循环经济的发展，实现社会经济与生态环境的和谐共生。

本书正是在此背景下编写的。我们旨在通过系统地梳理和分析生物质废弃物在储能器件领域的应用现状、构效关系，阐述生物炭作为电极的特点、研究方法、研究成果及发展前景，为相关领域的研究人员提供有价值的参考。

本书共分6章。第1章概述生物质废弃物的基本概念、分类及其在全球能源结构转型中的重要地位，为后续章节奠定基础。第2章主要介绍生物炭研究方法。第3~5章主要介绍生物炭辅助非富勒烯类物质在太阳能电池中的应用。第6章介绍镍钴掺杂农业废弃物基生物炭储钠性能研究。

在编写过程中，我们力求保持内容的前沿性与实用性，引用了大量国内外最新的研究成果与行业数据，同时邀请了该领域内的专家学者参与审阅，以确保信息的准确性和权威性。

最后，我们希望本书能够激发更多关于生物质能源材料创新研究的热情，推动相关技术的快速发展和广泛应用，为构建绿色低碳、可持续发展的未来贡献力量。愿每一位翻开这本书的读者都能从中获得启发，共同参与到这场能源革命的浪潮之中。

敬请各位读者批评指正，期待与您在探索生物质能源未来的道路上同行。

著　者

2024 年 6 月

目　　录

第1章 绪 论

1.1 生物质废弃物的来源与特点

生物质废弃物主要来源于农业、林业、畜牧业、渔业以及包括食品加工、造纸、制药等在内的生产过程。其特点可以概括为以下几点：

（1）种类复杂

生物质废弃物包括但不限于动物粪便、农作物秸秆（如玉米秸、麦秸、稻秸）、枯枝落叶、木材废弃物、食品加工残余、沼气渣、果皮等，种类繁多，成分各异。

（2）分散性强

这些废弃物的产生地点广泛且分散，遍及田间、林地、水域周边及城市生活区，缺乏集中收集和处理的统一系统。

（3）季节性变化明显

生物质废弃物的产生往往与季节性农业活动紧密相关，例如秋收后秸秆和落叶增多，春季畜禽粪便和沼气渣产量大。

（4）养分丰富

含有较高的氮、磷、钾等植物生长所需的营养元素，适合作为肥料回归农田，促进土壤肥力恢复。

（5）可再生性与低污染性

作为可再生资源，生物质废弃物在适当处理后可转化为能源，如生物质燃料、生物气等，其燃烧排放的二氧化碳与生长周期中吸收的二氧化碳的量大致相抵，有助于实现碳中和。

（6）潜在环境危害

若管理不当，生物质废弃物可能引发环境污染问题，如水源污染、空气污染（尤其是恶臭）及生物安全风险。

（7）能源潜力

通过厌氧消化、生物质气化、热解等技术手段可以将废弃物转化为电力、热能或生物燃料，实现资源的高效循环利用。

1.2　生物质废弃物的应用领域

生物质废弃物的应用领域非常广泛，涉及能源、材料、农业、环保等多个行业。以下是几个主要的应用方向：

1. 能源化应用领域

（1）生物质发电，可通过直接燃烧或气化技术，将生物质废弃物转化为电能和热能。

（2）生物气生产，可利用厌氧消化技术，将有机废弃物转化为生物甲烷，可用作清洁能源。

（3）生物质液化，可通过热化学或生化途径，将废弃物转化为生物燃料，如生物乙醇或生物柴油。

（4）储能领域，可将生物质废弃物应用于钠离子电池的电极材料，用于储能。

2. 材料化应用

（1）天然聚合物提取，可从废弃物中提取纤维素、木质素、蛋白质等，用于制造生物塑料、包装材料、水凝胶等。

（2）碳基材料制备，可将废弃物经热解或炭化处理，转化为活性炭、碳纳米管等高附加值碳材料，用于水处理、储能等领域。

（3）功能复合材料，开发新型吸附剂、催化剂载体、储能电极材料等，提高废弃物的利用价值。

3. 肥料化与土壤改良

（1）有机肥料，可直接还田或经堆肥化处理，为土壤提供有机质和养分，改善土壤结构。

（2）生物质炭，通过热解得到的生物质炭可以作为土壤改良剂，提升土壤肥力并固碳减排。

4. 饲料化应用

在动物饲料添加剂领域，部分农业废弃物如农作物秸秆，经过适当处理后可作为动物饲料。

1.3 生物质废弃物在能源领域的应用概况

1. 在钠离子电池领域的应用

生物质废弃物在钠离子电池中的应用主要集中在作为硬碳负极材料的制备原料上,主要分为以下几个步骤:

(1) 制备工艺:生物质废弃物经过一系列处理步骤转变为高性能的硬碳负极材料。典型流程包括预炭化、粉碎筛分、预氧化和高温煅烧等。例如,先将生物质原料在低温下预炭化得到初步碳化产物,随后粉碎并筛分,再进行预氧化处理以调整表面性质,最后在保护气氛下高温煅烧以优化结构和性能。

(2) 性能优化:通过控制制备条件,可以调节硬碳材料的孔隙结构、杂原子含量等,进而优化其储钠性能。生物质基硬碳负极材料展现出了高储钠容量、较好的首次充放电效率(如高达 90.2%)和稳定的循环性能,表明其在钠离子电池中具有应用潜力。

其优势及挑战在于:

(1) 原材料广泛性:生物质废弃物,如废弃农作物(如玉米芯、芦苇秸秆)、木材残余、果壳等,都是潜在的前驱体。这些废弃物通常含有丰富的碳源,且来源广泛,易于获取,有助于降低材料成本并促进资源循环利用。

(2) 环保与经济效益:使用生物质废弃物作为原料,不仅减少了环境污染,还实现了废弃物的高值化利用,符合可持续发展的要求。此外,相比传统化石燃料基材料,生物质基材料的生产过程往往对环境影响较小。

(3) 技术挑战与前景:尽管生物质废弃物基硬碳材料展现出良好性能,但仍面临一些技术挑战,如提升材料密度、改善固体电解质界面稳定性、增强倍率性能等。

2. 在太阳能电池领域的应用

生物质废弃物在太阳能电池领域的应用主要体现在生物光伏技术的发展上,这是一种利用生物材料,尤其是活体有机物质或其提取物来转换光能为电能的技术。以下是一些具体的应用实例:

(1) 生物染料敏化太阳能电池:研究人员尝试从生物质废弃物中提取天然色素(如叶绿素)作为染料,用于染料敏化太阳能电池(DSSC)。这些生物染料能够吸收光谱中的特定波段,模仿植物的光合作用过程,将光能转化为电能。例如,从菠菜等植物中提取的光合色素已成功用于构建太阳能电池原型。

(2) 生物光电极的开发:通过利用生物质废弃物,如作物秸秆、木材废料等,开发出新型光电极材料。这些生物质原料经过处理后,可以形成具有高导电性和光吸收能力的复合材料,用作太阳能电池的活性层或辅助层,提高电池的光电转换效率。

(3)直接集成光合系统:研究探索了直接利用光合细菌或植物的光合系统(PSI)作为生物光伏电池的核心部件。通过提取和固定这些生物组件到电极上,创建出能够直接将光能转化为电能的装置,例如从庭院废弃物中提取光合系统用于制作太阳能电池。

(4)生物混合燃料电池:虽然不是直接的太阳能电池,但生物质也被用于开发混合燃料电池系统,这些系统可以利用生物质直接发电,有时与太阳能等可再生能源结合使用,为解决能源问题提供了一种更加灵活和可持续的方案。

第 2 章 研究的理论与方法

2.1 Marcus 电荷转移理论

载流子迁移的跳跃机制(hopping 模型)被广大研究者用来评估无序的有机半导体材料导电性能的强弱。一般地,我们运用经典的 Marcus 理论解释自交换反应,此时,电荷迁移速率(K)可以用以下方程式表示[1-2]:

$$K = \frac{2\pi}{\hbar} \frac{1}{\sqrt{4\pi\lambda k_B T}} t^2 \exp\left[\frac{-(\Delta G° + \lambda)^2}{4 k_B T \lambda}\right] \tag{2.1}$$

式中,$\hbar$,t,k_B,T 和 λ 分别为波兹曼常数、电荷转移积分、波兹曼常数、温度和重组能,$\Delta G°$ 表示电荷转移前后吉布斯自由能的变化量。从公式(2.1)可以看出,电荷转移积分(t)、重组能(λ)以及吉布斯自由能的变量 $\Delta G°$ 影响着电荷转移速率常数。

重组能 λ 包括内部重组能 λ_i 和外部重组能 λ_o 两部分,内部重组能 λ_i 是当分子获得一个电子或移走一个电子的结构变化;外部重组能是由分子周围介质极化效应而引起的结构变化,当忽略介质因为极化对分子构型弛豫能的贡献时(比如在薄膜中),内重组能占主要地位。目前,求内部重组能主要有两种方法:一是正则模分析方法,将所有振动模的贡献求和得到所需结果,具体公式如下:

$$\lambda_i = \sum_{m=1}^{\infty} \lambda_m = \sum_{m=1}^{\infty} \frac{1}{2} g_m \Delta Q_m^2 = \sum_{n=1}^{\infty} \hbar\omega_n S_n \tag{2.2}$$

式(2.2)中,ΔQ_m 为正则模 Q_m 平衡几何构型在中性态和离子态分子之间的位移,g_m 和 ω_n 对应的是力常数和振动频率,S_n 为 Huang-Rhys 系数。如图 2.1 所示,对于自交换反应物的分子,分别优化中性单晶分子和离子态的单晶分子构型,中性态以及离子态的电荷发生转移后得到的能量变化值 λ_1 和 λ_2,此时,内部重组能(λ_i)可以用以下表达式表示:

$$\lambda_i = \lambda_1 + \lambda_2 \tag{2.3}$$

另外一个重要的参数是电荷转移积分(t),在二聚体分子框架下基于从头算或半经验的计算方法主要有以下 4 种：

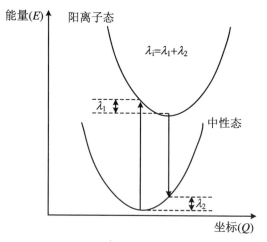

图 2.1　重组能的计算方法

第 1 种是根据 Koopman 定理近似估计分子间的电荷转移。其主要内容是指中性二聚体分子紧相邻的前线轨道可以近似看作是两个单体分子前线轨道的线性组合，因而前线轨道的耦合可以由二聚体分子紧相邻的前线轨道劈裂值来估算。电子转移积分可以近似地认为是二聚体分子的两个最低空轨道 LUMO 和 LUMO ＋1 能量的一半，而空穴转移积分（V）可以认为是两个最高占据轨道 HOMO 和 HOMO－1 能量的一半：

$$V = \frac{1}{2}(E_{\text{HOMO}/(\text{LUMO}+1)} - E_{(\text{HOMO}-1)/\text{LUMO}}) \qquad (2.4)$$

其中，$E_{\text{HOMO}/(\text{LUMO}+1)}$ 和 $E_{(\text{HOMO}-1)/\text{LUMO}}$ 分别表示轨道能量。

然而，当二聚体的 HOMO/LUMO 和（HOMO－1）/（LUMO＋1）的轨道不是由片段分子的 HOMOs/LUMOs 轨道简单地线性组合而成的时候，这种计算方法受到限制。[3]

第 2 种方法是寻找能级劈裂最小值法。对于给受体分子相同的自交换电荷转移反应，电荷转移积分的计算可以用两绝热态能量差值的一半来计算，当二聚体分子处于电荷转移反应发生的共振态（过渡态）几何构型时，绝热态的能量差最小。如果给受体不处于共振态时，则需要调节几何构型，施加外电场或点电荷的方法来逐步使绝热态的劈裂达到最小的"共振状态"。这种方法可以比较精确地给出给受体电荷转移反应的电荷转移积分，但计算量大且不容易实现。

第 3 种方法是格点能修正法。[4] 在单电子近似下，计算非绝热态下的转移积分、格点能和重叠积分。然后修正格点能对转移积分的影响，得到修正后的转移积分项：

$$V_{12} = \frac{\widetilde{V}_{12} - \frac{1}{2}(\widetilde{\varepsilon}_1 + \widetilde{\varepsilon}_2)S_{12}}{1 - S_{12}^2} \qquad (2.5)$$

式中,S_{12} 表示单体分子 HOMO/LUMO 轨道的重叠积分,该方法只有在分子相对位置是等价时,才可以使用。

第 4 种方法是孤立轨道计算法。该方法没有假设分子片段的前线轨道性质,而是直接计算电荷转移积分,又称为"直接耦合法"。其核心内容是在单电子近似的情况下,电荷在分子间的迁移主要发生在相邻分子的前线轨道之间。两轨道之间的电荷(空穴)转移积分可以通过直接耦合积分 t_{ij} 来近似评估:[5-8]

$$t_{ij} = \langle \varphi_i^{\mathrm{H}} \mid \hat{H} \mid \varphi_j^{\mathrm{H}} \rangle$$

式中,φ_i^{H} 表示分子 i 的 HOMO 轨道波函数,φ_j^{H} 表示分子 j 的 HOMO 轨道波函数,$\hat{H}$ 表示能量算符。

Troisi 和 Orladi 曾用这一办法来计算 DNA 链中的电荷传输情况[6],尹世伟等将其扩展到有机固体的电子耦合计算[8],其直接由

$$t_{ij} = \langle \varphi_i^{\mathrm{H/L}} \mid \hat{H} \mid \varphi_j^{\mathrm{H/L}} \rangle \qquad (2.6)$$

给出,其中,$\varphi_i^{\mathrm{H/L}}$ 和 $\varphi_j^{\mathrm{H/L}}$ 分别表示两个相邻分子 i 和 j 在没有相互作用下的 HOMO/LUMO 轨道的波函数,$\hat{H}$ 是 $\hat{H}_{\mathrm{KS}}$ 算子[9],即 $\hat{H}_{\mathrm{KS}} = SC\varepsilon$($S$ 是重叠矩阵,C 和 ε 是没有做自洽单步对角化时的 Kohn-Sham 轨道系数和能量)。

载流子(空穴或电子)迁移率(μ)可以通过 Einstein 方程得到:

$$\mu = \frac{eD}{k_{\mathrm{B}}T} \qquad (2.7)$$

其中,e 是电子电荷,D 为扩散系数,k_{B},T 分别为波兹量常数和温度。对于一个多为体系,扩散系数 D 可以通过位移平方除以时间得到[10]:

$$D = \lim_{t \to \infty} \frac{1}{2d} \frac{\langle x(t)^2 \rangle}{t} \qquad (2.8)$$

其中,d 表示分子间距,x,t 分别表示扩散的距离与时间。

假如扩散过程各向均匀,且每步跃迁速率接近,也可以很简单地用式(2.6)来估算扩散系数[11]:

$$D = \frac{1}{2d} \sum_{i=1}^{\infty} r_i^2 k_i \rho_i \qquad (2.9)$$

其中,d 仍表示分子间距,i 表示邻近的分子,r_i,k_i 和 p_i 分别表示中心-中心的跳跃距离、电荷传输率以及跃迁概率 $\left(\rho_i = \dfrac{k_i}{\sum\limits_{i=1}^{\infty} k_i} \right)$。如果只考虑一维的电荷转移(比如分子内的电荷转移),则扩散系数 D 可以被表示为[12]

$$D = \frac{1}{2}kr^2 \qquad (2.10)$$

其中，k 和 r 分别为电荷传输速率和分子之间的传输距离，此时，空穴迁移率 μ 可以表示为[11,13]

$$\mu = \frac{er^2}{2k_{\mathrm{B}}T}k \qquad (2.11)$$

2.2　密度泛函理论

密度泛函理论（density functional theory，DFT）[14-15] 是一种研究具有多电子体系电子结构的量子力学方法。Walter Kohn 和 John Pople 共同获得 1998 年的诺贝尔化学奖，其中 Walter Kohn 的主要贡献是致力于密度泛函理论的发展。密度泛函理论的概念起源于 Thomas-Fermi 模型，Hohenberg-Kohn 定理的提出为其奠定了坚实的理论基础。

Hohenberg-Kohn 第一定理认为体系的基态能量仅仅是电子密度的泛函，Hohenberg-Kohn 第二定理证明了以基态密度为变量，将体系能量最小化之后便得到基态能量。与量子力学的波函数（wave function）相比较，Walter Kohn 认为 DFT 对于多电子系统的研究，有以下两方面的贡献：第一是对于基本物理的了解，当我们遵循量子力学的求解路径，由波函数出发，多电子系统的波函数必须用 Slater 行列式来描述，当电子数量增加时，此行列式变得非常大，因而无法求解出来；而对于 DFT，其求解的是电子密度，这是一个三维空间坐标的函数，可以让我们了解更多电子性质的内涵。第二是实用性方面，目前传统波函数只能处理几十个原子，对于大分子的计算则较有难度；而 DFT 则可处理 $10^2 \sim 10^3$ 个原子的系统。

2.2.1　基本原理

一个含有 N 个电子的体系，可以采用 $\varphi(x_1, x_2, x_3, \cdots, x_n)$ 作为 n 个离子在三维空间的状态函数。实际上，计算时不是采用 φ 函数，而是采用密度函数 $\varphi^* \varphi$。因为 n 个电子中任意一个在小体积元 $\mathrm{d}\tau$ 中出现的概率相同，则密度函数 ρ 为

$$\rho(x_1) = n\int \varphi^*(x_1, x_2, \cdots, x_n)\varphi(x_1, x_2, \cdots, x_n)\mathrm{d}\tau_2 \cdots \mathrm{d}\tau_n \qquad (2.12)$$

此式表示，任意一个电子在 x_1 处小体积元 $\mathrm{d}\tau_1$ 中出现的概率（这里不讨论其他电

子在任何处)。同样地,任意两个给定的电子在 x_1 和 x_2 处的小体积元 $\mathrm{d}\tau_1$ 和 $\mathrm{d}\tau_2$ 出现的概率也是相同的,则定义的两个电子的密度函数为

$$\rho_{(x_1,x_2)} = \int \varphi^*(x_1,x_2,x_3,\cdots,x_n)\varphi(x_1,x_2,x_3,\cdots,x_n)\mathrm{d}\tau_3\mathrm{d}\tau_4\cdots\mathrm{d}\tau_n \quad (2.13)$$

体系中物理量的期望值总可以写成电子密度的函数,其能量 E 的表达式是

$$E = \int V_{\mathrm{ext}}\rho(x)\mathrm{d}x_1 + \int \varphi^*(\hat{T}+\hat{V}_{\mathrm{ee}})\varphi\mathrm{d}x_1\cdots\mathrm{d}x_n = \int V_{\mathrm{ext}}\rho(x)\mathrm{d}x_1 + F(\rho)$$
$$(2.14)$$

其中,V_{ext} 为外场,$\hat{T}$ 为动量算符,$\hat{V}_{\mathrm{ee}}$ 为双电子作用算符,$F(\rho)$ 为电子密度 ρ 的函数。

Hohenberg 和 Kohn[16] 证明对于非简并态,ρ 和外场 V_{ext} 是对应关系。Kohn 和 Sham[17] 导出了一个和 HF 方程类似的单粒子自洽场方程:

$$\hat{F}_{\mathrm{KS}}\varphi(r) = \varepsilon\varphi(r) \quad (2.15)$$

其中,$\hat{F}_{\mathrm{KS}}$ 表示 Kohn-Sham 算符,ε 表示能量,$\varphi(r)$ 为与球半径 r 有关的波函数。这里

$$\hat{F}_{\mathrm{KS}} = -\frac{1}{2}\sum_{i=1}^{\infty}\nabla^2(i) + V_{\mathrm{eff}}$$

$$V_{\mathrm{eff}} = V_{\mathrm{ext}} + \int \frac{\rho(r)}{|r_1-r_2|}\mathrm{d}r + V_{\mathrm{xc}}$$

$$\rho(r) = \sum_{i=1}^{\infty}|\varphi_i(r)|^2$$

V_{xc} 是交换相关势(exchange-correlation potential),其被定义为

$$V_{\mathrm{xc}} = \frac{\delta E_{\mathrm{xc}}[\rho(r)]}{\delta\rho(r)} \quad (2.16)$$

此时,体系的总能量 E 是

$$E = E_{\mathrm{V}} + E_{\mathrm{T}}[\rho(r)] + E_{\mathrm{J}}[\rho(r)] + E_{\mathrm{xc}}[\rho(r)] \quad (2.17)$$

其中,$E_{\mathrm{V}} = \int V_{\mathrm{ext}}\rho(r)\mathrm{d}r$;

E_{T} 是独立电子的动能;

E_{J} 是电子间的 Coulomb 排斥能,其被定义为

$$E_{\mathrm{J}} = \frac{1}{2}\int \frac{\rho(r_1)\rho(r_2)}{|r_1-r_2|}\mathrm{d}r_1\mathrm{d}r_2$$

E_{xc} 是交换相关能。

研究的体系主要关心的是体系的电荷密度,对于不同的 DFT 方法,其计算电荷密度的交换相关能 $E_{\mathrm{xc}}(\rho)$ 的方法不同。在广义梯度近似(generalized gradient approximation，GGA）下，有

$$E_{xc}(\rho) = \int A_{xc}[\rho(r), |\nabla\rho(r)|, \nabla^2\rho(r)]dr \tag{2.18}$$

其中，A_{xc} 表示交换相关系数，$\nabla\rho(r)$ 表示密度函数 $\rho(r)$ 的一阶微元，$\nabla^2\rho(r)$ 表示密度函数 $\rho(r)$ 的二阶微元。

在定域密度近似（local density approximation，LDA）下，$E_{xc}(\rho)$ 被近似为 E_{xc}^{LDA}：

$$E_{xc}^{LDA}(\rho) = \int \rho(r) E_{xc}(\rho)dr \tag{2.19}$$

在实际应用中，E_{xc} 总被分成两部分：交换能 E_x 和相关能 E_c：

$$E_{xc} = E_x + E_c \tag{2.20}$$

2.2.2　一些常用的 DFT 方法

因为在 DFT 方法中，交换能和相关能通常被分开处理，所以 DFT 方法通常包含两部分。例如，在 LDA 的 S-VWN 方法，其中 S 代表 Slater 的交换能函数[18]：

$$E_{xc}^{LDA}[\rho] = -\int \frac{3}{4}\left(\frac{3}{\pi}\right)^{\frac{1}{3}} \rho(r)^{\frac{4}{3}} dr \tag{2.21}$$

VWN 代表 Vosko，Wilk 和 Nusair 提出的相关能函数[19]：

$$E_x^{VWN}[\rho] = \frac{A}{2}\left[\ln\frac{x}{X(x)} + \frac{2b}{Q}\arctan\frac{Q}{2x-b}\right.$$
$$\left. - \frac{bx_0}{X(x_0)}\left(\ln\frac{(x-x_0)^2}{X(x)} + \frac{2(b+2x_0)}{Q}\arctan\frac{Q}{2x+b}\right)\right] \tag{2.22}$$

其中函数 x，X 和 Q 分别是 $x = \sqrt{r_s}\left(r_s = \left(\frac{4\pi\rho}{3}\right)^{-\frac{1}{3}}\right)$，$X = x^2 + bx + x$，$Q = \sqrt{4c - b^2}$，常数 $A = 0.0621814$，$x_0 = -0.409286$，$b = 13.0720$，$c = 42.7189$。

对于非定域的 B-LYP 方法，B 代表 Becke 于 1988 年提出的交换能函数[20]：

$$E_x^{B88}[\rho] = -E_x^{LDA}[\rho]\left[1 - \frac{\beta}{2^{\frac{1}{3}}A_x}\frac{z^2}{1 + 6\beta z\sin h^{-1}(z)}\right] \tag{2.23}$$

其中，$z = 2^{\frac{1}{3}}\frac{|\nabla\rho|}{\rho^{\frac{4}{3}}}$，$A_x = \frac{3}{4}\left(\frac{3}{\pi}\right)^{\frac{1}{3}}$，$\beta = 0.0042$。

而 LYP 代表 Lee，Yang 和 Parr 在 1988 年提出的相关能函数[21]：

$$E_c^{LYP}[\rho] = -a\frac{1}{1 + d\rho^{-\frac{1}{3}}}\left\{\rho + b\rho^{-\frac{2}{3}}\left[C_F\rho^{\frac{5}{3}} - 2t_w + \frac{1}{9}\left(t_w + \frac{1}{2}\nabla 2\rho\right)\right]e^{-c\rho^{\frac{1}{3}}}\right\}$$
$$\tag{2.24}$$

其中, $t_w = \dfrac{1}{8}\left(\dfrac{|\nabla\rho|^2}{\rho} - \nabla^2\rho\right)$, $C_F = \dfrac{3}{10}(3\pi^2)^{\frac{2}{3}}$, $a = 0.04918$, $b = 0.132$, $c = 0.2533$, $d = 0.349$。

目前,用得较多的是 B3LYP 方法。B3LYP 是一种所谓的杂化(hybrid)DFT 方法。所谓杂化是指在纯粹的 DFT 交换相关能中包含部分 HF 交换能。这是因为在势能 $E_j = \dfrac{1}{2}\displaystyle\int \dfrac{\rho(r_1)\rho(r_2)}{|r_1 - r_2|}\mathrm{d}r_1\mathrm{d}r_2$ 中包含了电子的自排斥能。这部分额外的能量在计算 $E_{xc}(\rho)$ 时并没有像在 HF 理论中那样被抵消掉。在 1993 年,Becke 第一次提出了如下含三参数的 hybrid-DFT 方法[22]:

$$E_{xc} = E_{xc}^{LDA} + a_0(E_x^{HF} - E_x^{LDA}) + a_x\Delta E_x^{B88} + a_c\Delta E_c^{non\text{-}local} \qquad (2.25)$$

在 Gaussian 程序包中的 B3LYP 的形式如下:

$$AE_x^{Slater} + (1 - A)E_x^{HF} + BE_x^{Beck88} + E_c^{VWN} + C\Delta E_c^{LYP} \qquad (2.26)$$

其中,常数 $A = 0.80$, $B = 0.72$, $C = 0.81$ 是通过拟合 G2 测试组[23]得到的。

Becke 单参数(B1)具有如下形式[24]:

$$E_{xc} = E_{xc}^{DFT} + a_0(E_x^{HF} - E_x^{DFT}) \qquad (2.27)$$

在 B1-B96 方法中 $a_0 = 0.61$。

DFT 方法已经被广泛用在化学的各个领域。与 HF 方法和 Post-HF 方法相比,DFT 以较低的代价计算相关能,它的精度可以和那些昂贵的 Post-HF 方法相媲美。比如,对于 G2 测试组,B3LYP/$6-311+G(3df,2p)$ 方法的绝对平均偏差只有大约 3 kcal/mol,而 DFT 方法的计算时间和 HF 方法差不多,因此 DFT 方法是性价比较高的方法。

2.2.3　DFT 的周期边界条件(PBC)计算[25-26]

DFT-PBC 方法是由 Kudin 等人基于 Gaussian 轨道发展起来的,其波函数 φ 为

$$\varphi(r) = (x - R_x)^l(y - R_y)^m(z - R_z)^n\mathrm{e}^{-\alpha(r-R)^2} \qquad (2.28)$$

其中,l,m,n 为轨道角动量,α 为 Gaussian 指数,R_x,R_y,R_z 分别为 x,y,z 方向上的径向函数,R 为总的径向函数。

2.3　AIM　理　论

加拿大著名理论化学家 Richard F. W. Bader 教授及其课题组创建并发展了 AIM(atom in molecule)理论。[27-28] AIM 理论以电子密度分布 $\rho(r)$ 的临界点

(Critical Point,CP)为基础,通过电子密度的拓扑分析,把分子的性质与构成它的原子的性质联系起来。一个分子电子密度分布的拓扑性质取决于电子密度的梯度矢量场$\nabla\rho(r)$和拉普拉斯量$\nabla^2\rho(r)$。

在 AIM 理论中,电荷密度 $\rho(r)$ 被定义为一个只与三维空间有关的纯量场(scalar field),空间点(r)的梯度向量(gradient vector)定义为$\nabla\rho(r)$,则

$$\frac{\mathrm{d}r(s)}{\mathrm{d}s} = \nabla\rho(r) = \frac{\partial\rho(r)}{\partial x}\boldsymbol{u}_x + \frac{\partial\rho(r)}{\partial y}\boldsymbol{u}_y + \frac{\partial\rho(r)}{\partial z}\boldsymbol{u}_z \tag{2.29}$$

其中,$\boldsymbol{u}_x$,$\boldsymbol{u}_y$ 和 $\boldsymbol{u}_z$ 分别为三个方向上的单位向量。

沿着$\nabla\rho(r)$的方向移动 ds,然后,重新计算其方向,如此反复,就可以得到梯度路径(gradient path)。纯量场中的任意点,在开始这个过程的时候都可以找到梯度路径场(gradient vector field)。图 2.2 给出了 H_2O 分子的梯度路径。从图 2.4 可以看出,梯度路径永远不会交叉,它总是起源于无穷远,终止于临界点(critical points,CPs)。这里所定义的临界点是指梯度矢量场为零的点。即

$$\nabla\rho(r)\,|_{r=r_c} = 0 \tag{2.30}$$

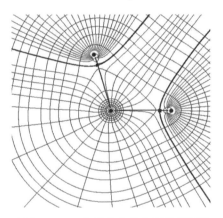

图 2.2　H_2O 分子的电荷密度梯度路径

在临界点 r_c 附近满足

$$\frac{\mathrm{d}r(s)}{\mathrm{d}s} = \boldsymbol{A}(r - r_c) \tag{2.31}$$

其中,$\boldsymbol{A}$ 指ρ 在r_c 点的 Hessian 矩阵:

$$\boldsymbol{A} = \left(\frac{\partial^2\rho}{\partial x_i\partial x_j}\right)_{r=r_c} \tag{2.32}$$

对于矩阵数 $\boldsymbol{A}$,以 λ_1,λ_2 和 λ_3 为此 Hessian 矩阵的本征值,$\boldsymbol{u}_1$,$\boldsymbol{u}_2$ 和 $\boldsymbol{u}_3$ 为本征矢,可得到式(2.31)的广义解

$$r(s) = \alpha v\boldsymbol{u}_1\mathrm{e}^{\lambda_1 s} + \beta\boldsymbol{u}_2\mathrm{e}^{\lambda_2 s} + \gamma\boldsymbol{u}_3\mathrm{e}^{\lambda_3 s} \tag{2.33}$$

定义本征值 λ_i 的和为

$$s = \sum_{i=1}^{3} \text{sign}\,(\lambda_i) \tag{2.34}$$

通过求解得到 s 的四个可能值(-3、-1、$+3$、$+1$),因此,可以得到四种临界点,它们分别表示为$(3,+3)$,$(3,-3)$,$(3,+1)$,$(3,-1)$。以下为对四种临界点的简述:

$(3,+3)$点表示:Hessian 矩阵的三个本征值 λ_i 均为正值,对应着 $\rho(r)$ 的一个极小值点,是立方体或类似立体笼状结构的临界点。此处$\nabla^2\rho(r)>0$,电子密度变小。

$(3,-3)$点表示:Hessian 矩阵的三个本征值 λ_i 均为负值,对应着 $\rho(r)$ 的一个极大值点,附近的所有梯度路径都终止于此。此处$\nabla^2\rho(r)<0$,一般在原子核的位置出现,称为拉普拉斯电荷密度:

$$\nabla^2\rho = \nabla \cdot \nabla\rho = \frac{\partial^2\rho}{\partial^2 x} + \frac{\partial^2\rho}{\partial^2 y} + \frac{\partial^2\rho}{\partial^2 z}$$

$$\nabla^2\rho(r) = \lambda_1 + \lambda_2 + \lambda_3$$

$(3,+1)$点表示:Hessian 矩阵的两个本征值均为正值,是势能面上的鞍点(环的临界点,ring critical point),表明该体系存在环状结构。在这两个本征值的本征向量所确定的平面内,该点的 ρ 为极小值,然而,在垂直于该平面的方向上,该点的 ρ 为极大值。

$(3,-1)$点表示:Hessian 矩阵的两个本征值为负值,代表键的临界点(bond critical point),也称为"键鞍点"。它位于两相邻原子之间,表示两个原子之间存在化学键。该点的性质表现为 $\lambda_1<0$,$\lambda_2<0$,$\lambda_3>0$,$s>0$。本征矢 u_1,u_2 产生了一个面,而临界点的电荷密度 $\rho(r)$ 在这个面上具有最大值。这个面上的所有梯度路径都终止于这个临界点。两个原子都有一条梯度路径起始于这个临界点,终止于各个原子,这条路径被定义为键。在这两个负的本征值所对应的本征向量所确定的平面内,该点的电荷密度为极大值,而在垂直于该平面的方向上,该点的电荷密度为极小值。

由 AIM 理论可知,Hessian 矩阵中两个负的本征值 λ_1 和 λ_2,表示成键临界点的电荷密度 ρ_b 在垂直于键的方向并且朝向临界点的收缩程度。Hessian 矩阵的正的本征值 λ_3 表示了成键临界点的电荷密度 ρ_b 在平行于键的方向并且成键临界点朝向每个相邻的原子的收缩程度。当两个负本征值绝对值之和大于一个正的本征值的时候,电子电荷局部集中于成键临界点区域,具有共价键的特征。此时 ρ_b 值比较大,$\nabla^2\rho(r)<0$,$|\lambda_1|/\lambda_3>1$,$G_b/\rho_b<1$,其中,G_b 表示成键临界点的局域动能密度,这就是所谓的开壳层相互作用。相反,如果当两个负的本征值绝对值之和小于一个正的本征值的时候,电子电荷局域于每个原子核的区域。此时,ρ_b 值较小,$\nabla^2\rho(r)>0$,$|\lambda_1|/\lambda_3<1$,$G_b/\rho_b>1$,这种相互作用一般称为闭壳层相互作用,

具有这类特征的键有离子键、氢键以及 van der Waals 相互作用。此外，AIM 理论中还引入了椭圆度的概念，椭圆度的定义为 $\varepsilon = \lambda_1/\lambda_2 - 1$，因为在成键临界点处，$\lambda_1 < \lambda_2 < 0$，所以 ε 恒为正值。

另外，Bader 还定义了一个局域电子能量密度 $E_d(x)$。$E_d(x)$ 是一个一级密度矩阵的函数：$E_d(x) = G(x) + V(x)$，$G(x)$ 和 $V(x)$ 分别为动能和势能密度。[29] $E_d(x)$ 的符号决定了在一个给定点 x 的电荷积累是否起到稳定作用（即 $E_d(x) < 0$，稳定作用；$E_d(x) > 0$，不稳定作用）。因此，如果 BCP 处 $E_d(x) < 0$，则代表了一个有意义的共价贡献，此时两个原子核之间的电荷密度相关势能降低。

参 考 文 献

[1] Marcus R A. The theory of oxidation-reduction reactions involving electron transfer[J]. J. Chem. Phys., 1956, 24: 966-978.

[2] Marcus R A. Electron transfer teactions in chemistry: Theory and experiment[J]. Rev. Mod. Phys., 1993, 65(3, Pt. 1): 599-610.

[3] Valeev E F, Coropceanu V, da Silva Filho D A, et. al. Effect of electronic polarization on charge-transport parameters in molecular organic semiconductors[J]. J. Am. Chem. Soc., 2006, 128(30): 9882-9886.

[4] Valeev E F, Coropceanu V, da Silva Filho D A, et al. Effect of electronic polarization on charge-transport parameters in molecular organic semiconductors[J]. J. Am. Chem. Soc., 2006, 128(30): 9882-9886.

[5] Fujita T, Nakai H, Nakatsuji H. Ab initio molecular orbital model of scanning tunneling microscopy[J]. J. Chem. Phys., 1996, 104(6): 2410-2417.

[6] Troisi A, Orlandi G. The hole transfer in DNA: calculation of electron coupling between close bases[J]. Chem. Phys. Lett., 2001, 344(5/6): 509-518.

[7] Orlandi G, Troisi A, Zerbetto F. Simulation of STM images from commercially available software[J]. J. Am. Chem. Soc., 1999, 121(23): 5392-5395.

[8] Yin S W, Yi Y P, Li Q X, et al. Balanced carrier transports of electrons and holes in silole-based compounds: A theoretical study[J]. J. Phys. Chem. A, 2006, 110(22): 7138-7143.

[9] Kubar T, Woiczikowski P B, Cuniberti G, et al. Efficient calculation of charge-transfer matrix elements for hole transfer in DNA[J]. J. Phys. Chem. B, 2008, 112(26): 7937-7947.

[10]　Bisquert J. Interpretation of electron diffusion coefficient in organic and inorganic semi-conductors with broad distributions of states[J]. Phys. Chem. Chem. Phys., 2008, 10 (22): 3175-3194.

[11]　Deng W Q, Goddard W A A. Predictions of hole mobilities in oligoacene organic semi-conductors from quantum mechanical calculations[J]. J. Phys. Chem. B, 2004, 108 (25): 8614-8621.

[12]　Kuo M Y, Chen H Y, Chao I. Cyanation: providing a three-in-one advantage for the design of n-type organic field-effect transistors[J]. Chem.-Eur. J., 2007, 13 (17): 4750-4758.

[13]　Coropceanu V, Cornil J, da Silva Filho D A, et al. Charge transport in organic semi-conductors[J]. Chem, Rev., 2007, 107(4): 926-952.

[14]　Parr R G, Yang W. Density-functional theory of atoms and molecules[M]. New York: Oxford Univ. Press, 1989.

[15]　Labanowski J K, Andzelm J W. Density functional methods in chemistry[M]. New York: Springer-Verlag, 1991.

[16]　Hohenberg P, Kohn W. Inhomogeous electron gas[J]. Phys. Rev. B, 1964, 136: 864-871.

[17]　Kohn W, Sham L J. Self-consistent equations including exchange and correlation effects [J]. Phys. Rev., 1965, 140: 1133-1138.

[18]　Slater J. The self-consisternt field for molecules and solids: Quantum theory of mole-cules and solids[M]. 4th. New York: McGraw-Hill, 1974.

[19]　Vosko S H, Wilk L, Nusair M. Accurate spin-dependent electron liquid correlation en-ergies for local spin density calculations: A critical analysis[J]. Can. J. Phys., 1980, 58 (8): 1200-1211.

[20]　Becke A D. Density-functional exchange-energy approximation with correct asymptotic behavior[J]. Phys. Rev. A, 1988, 38(6): 3098-3100.

[21]　Lee C, Yang W, Parr R G. Development of the Colle-Salvetti correlation-energy for-mula into a functional of the electron density[J]. Phys. Rev. B 1988, 37(2): 785-789.

[22]　Becke A D. Density-functional thermochemistry. III. the role of exact exchange[J]. J. Chem. Phys., 1993, 98(7): 5648-5652.

[23]　Curtiss L A, Trucks G W, Pople J A. Gaussian-2 theory for molecular energies of first- and second-row compounds[J]. J. Chem. Phys., 1991, 94(11): 7221-7230.

[24]　Becke A D. Density-functional thermochemistry. IV. a new dynamic correlation func-tional and implications for exact-exchange mixing[J]. J. Chem. Phys., 1996, 104 (3): 10401046.

［25］ Kudin K N. Scuseria G E. Yakobson B I. C2F，BN，and C nanoshell elasticity from Ab initio computations［J］. Phys. Rev. B. 2001，64：235406.

［26］ Kudin K N，Scuseria G E. Range definitions for gaussian-type charge distributions in fast multipole methods［J］. J. Chem. Phys. ，1999，111(6)：2351-2356.

［27］ Bader R F W. Atoms in molecules：a quantum theory［M］. U. K. Clarendon Press：Oxford ，1990.

［28］ Pulay P. Ab initio calculation of force constants and equilibrium geometries in polyatomic molecules［J］. I. Theory. Mol. Phys. ，1969，17(2)：197-204.

［29］ Popelier P L A. Atoms in molecules：an introduction［M］. Pearson Education：Harlow，U.K. ，1999.

第 3 章 基于碳与哒嗪衍生物的能源材料分子设计

3.1 引　　言

近年来,哒嗪(pyridazine,P)及其衍生物由于其较好的共轭性且含有较多的氮杂原子环而被广泛地应用于光学和医学领域。[1-2]在 2010 年,Gendron 课题组报道了基于哒嗪和咔唑衍生物的共聚物,其中哒嗪作为典型的受体(A)材料。[3]本书选择了五种母体分子:pyridazine(P)、[1,2,5]thiadiazolo[3,4-d]pyridazine(TP)、[1,2,5]oxadiazolo[3,4-d]pyridazine(OP)、isothiazolo[3,4-d]pyridazine(ITP)、isoxazolo[3,4-d]pyridazine(IXP),设计了五种 A-A 型均聚物:PP、PTP、POP、PITP 和 PIXP。另外,在以上五种均聚物中,分别按照 1:1 和 1:2 的比例插入富电子的噻吩供体(A),形成五种 D-A 式的共聚物 PTHP、PTHTP、PTHOP、PTHITP、PTHIXP 和五种 D-A-D 式共聚物的 PDTHP、PDTHTP、PDTHOP、PDTHITP、PDTHIXP。我们采用 PC61BM 为供体,以上十五种聚合物作为受体,分别研究了它们作为光伏供体材料的潜在性。

研究内容涉及聚合物/碳(PC61BM)的开路电压,以及聚合物的带隙、低聚体的吸收光谱、聚合物的空穴传输速率等影响短路电流的主要因素。此外,我们还研究了四种聚合物的结构与性质稳定性,以及噻吩对聚合物光伏性能的影响。

3.2 研　究　方　法

本书中用 Becke 三参数非局域交换泛函和 Lee-Yang-Parr 的非局域相关泛函来研究(B3LYP)[4-5]优化的单体和低聚物的电子结构,所有的计算都采用中等基组 6-31G* 计算。[6]计算所有优化的结构都没有虚频,可以认为所有优化的结构都是势能面上的局域最小值,是一个稳定结构。周期边界条件-密度泛函方法(PBC-DFT)被认为是一种可以信赖的计算方法,因此,本书采用 PBC 方法[7]在 B3LYP/6-31G(d)水平下计算了聚合物的前线轨道能量和带隙。所有的计算由 Gaussian03 程序完成。[8]基于优化好单体,我们在 B3LYP/6-31G(d)水平上对其进行了无核化学位移(NICS)[9]计算。同时,在相同计算水平上对其二聚体进行了电子密度拓扑分析,拓扑分析由分子中的原子(AIM)[10]计算得到。NICS 用来分析单环体系的芳香性、反芳香性、或者非芳香性。[11]在本书中,NICS 被定义为在成环临界点(RCP)的磁屏蔽系数的负值,而 RCP 由 AIM 计算得到。此外,用自然键轨道理论(NBO)[12-15]NBO5.0[16]程序包对反应中的成键特征进行了计算和分析。最后,本书采用 Marcus 理论[17-18]在 B3LYP/6-31G(d)水平上计算了共聚物分子的空穴传输速率(K),其中,根据 Koopman 定理近似估计分子间的电荷转移。

3.3 结果与讨论

3.3.1 聚合物的稳定性

各聚合物的结构列于图 3.1。所研究聚合物的二面角均小于 1°(PTP 除外),这表明,这些聚合物具有良好的刚性结构。对于聚合物的结构稳定性,本书通过研究其结构的共轭程度来分析,而聚合物的共轭程度,本书通过聚合物中各个环的环流情况、连接聚合物重复单元的键的性质以及分子的前线分子轨道中的电子离域情况来分析。计算的各个单体的负 NICS 值被列于表 3.1,相应的环的位置列于图 3.1。

表 3.1　各个单体的负 NICS 值

环	P	THP	DTHP	TP	THTP	DTHTP	OP	THOP	DTHOP
a1	5.8	4.4	3.1	3.5	2.4	1.6	3.5	2.7	2.0
b1				16.9	16.3	15.9	16.5	15.7	15.1
c1		11.2	11.2		11.0	11.0		11.0	11.1
c2									

环	ITP	THITP	DTHITP	IXP	THIXP	DTHIXP
a1	3.7	3.1	2.5	3.8	3.2	2.8
b1	16.2	15.7	15.2	15.8	15.2	14.5
c1		11.5	11.5		11.4	11.4
c2		11.3			11.3	

从表 3.1 可以看出,所有环的 NICS 值为负值,这表明,这些研究的聚合物都是芳香性的。而且,随着噻吩的增加,整个分子的共轭性增强,导致电子离域到整个分子的趋势增强,而使同一个环的电流密度下降。此外,作为桥梁连接重复单元的 π 共轭键也能够反映聚合物的共轭程度,此 π 共轭键在书中被定义为中心键,如图 3.1 中的 E 键。表 3.2 中列出了所有聚合物的中心键的性,包括键长、Wiberg 键级(WBI)、以及中心键 C 原子的杂化类型均表明该键具有一定的 π 键特征。另

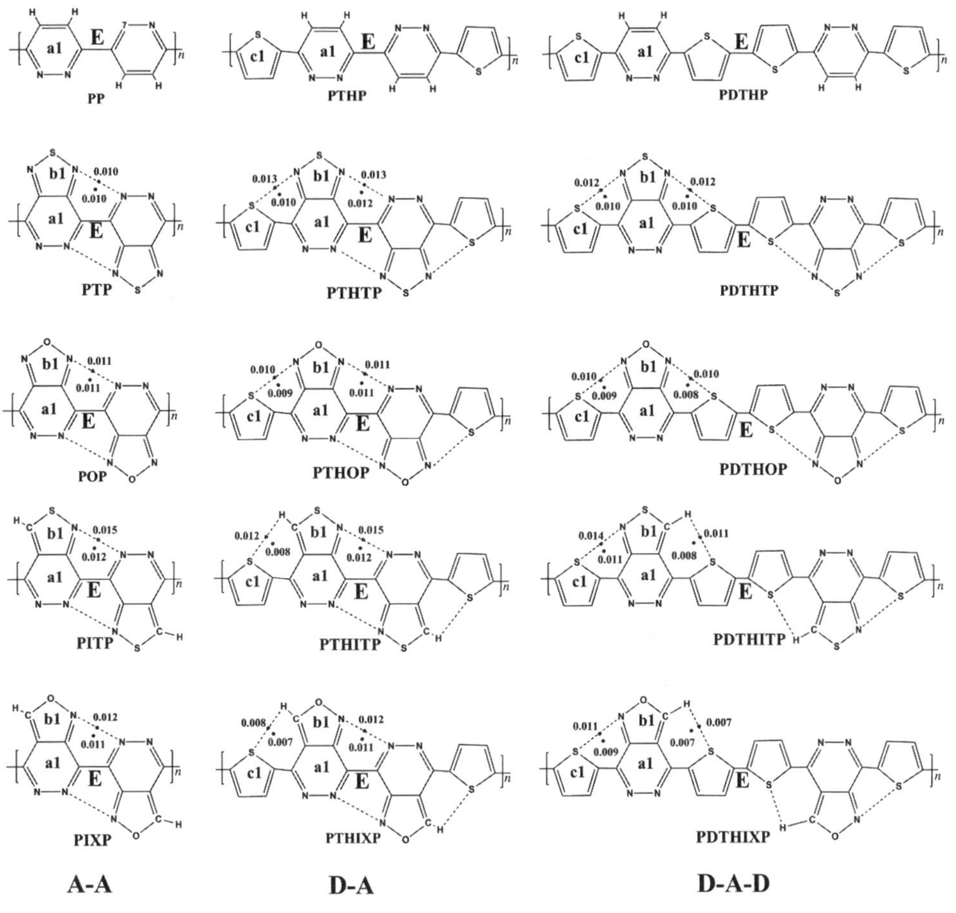

图 3.1　聚合物的结构图

外,表 3.2 的中心键的成键临界点(BCP)的电荷密度 $\rho(r)$ 和拉普拉斯电荷密度 $\nabla^2\rho(\gamma)$ 表明:中心键中两 C 原子之间存在着开放作用,导致该键具有较强的电荷堆积,这从侧面反映了这些聚合物具有良好的共轭性,且随着噻吩的增加,中心键的双键成分增加。所以,在这三种不同的聚合方式中,D-A-D 式聚合物的中心键中的电荷堆积最强。因此,噻吩的加入增强了聚合物的共轭性。图 3.2 和图 3.3 中

二聚体的分子轨道图表明,前线轨道的电子云具有较好的离域性和共轭性,与前面分析的结论一致。对这 15 种聚合物的电子结构的研究结果表明,这些聚合物均具有良好的共轭性和结构稳定性,而且随着噻吩的增加,聚合物的共轭性和稳定性增强,即 D-A-D 式的聚合物具有最好的结构稳定性。

表 3.2　各物质中心键的键长 B、Wiberg 键级、杂化类型、成键临界点的
电荷密度 $\rho(r)$ 和拉普拉斯电荷密度 $\nabla^2\rho(r)$

周期数	密度	$-\lambda_1/-\lambda_2/\lambda_3$	$\nabla^2\rho(r)$	B	Wiberg 键级	杂化类型
P	0.271	0.56/0.50/0.37	−0.69	1.487	1.037	$\pi_{C6—C9}=0.7071C6+0.7071C9$
THP	0.274	0.57/0.50/0.37	−0.70	1.479	1.052	$\pi_{C9—C12}=0.7071C9+0.7071C12$
DTHP	0.283	0.57/0.50/0.35	−0.72	1.443	1.145	$\pi_{C15—C17}=0.7071C15+0.7071C17$
TP	0.272	0.56/0.51/0.37	−0.70	1.485	1.013	$\pi_{C6—C9}=0.7071C6+0.7071C9$
THTP	0.276	0.57/0.51/0.37	−0.71	1.475	1.041	$\pi_{C9—C12}=0.7071C9+0.7071C12$
DTHTP	0.284	0.57/0.50/0.35	−0.72	1.441	1.160	$\pi_{C14—C20}=0.7071C14+0.7071C20$
OP	0.277	0.58/0.51/0.37	−0.71	1.475	1.048	$\pi_{C6—C9}=0.7071C6+0.7071C9$
THOP	0.282	0.59/0.51/0.37	−0.74	1.463	1.078	$\pi_{C9—C12}=0.7071C9+0.7071C12$
DTHOP	0.284	0.57/0.50/0.35	−0.72	1.440	1.161	$\pi_{C14—C20}=0.7071C14+0.7071C20$
ITP	0.270	0.55/0.51/0.37	−0.69	1.490	0.995	$\pi_{C6—C10}=0.7071C6+0.7071C10$
THITP	0.272	0.56/0.51/0.37	−0.70	1.484	1.011	$\pi_{C9—C12}=0.7072C9+0.7072C12$
DTHITP	0.284	0.57/0.50/0.35	−0.72	1.441	1.152	$\pi_{C14—C20}=0.7071C14+0.7071C20$
IXP	0.276	0.58/0.51/0.37	−0.71	1.476	1.052	$\pi_{C6—C10}=0.7071C6+0.7071C10$
THIXP	0.279	0.59/0.51/0.37	−0.72	1.468	1.074	$\pi_{C9—C12}=0.7071C9+0.7071C12$
DTHIXP	0.284	0.57/0.50/0.35	−0.72	1.441	1.154	$\pi_{C14—C20}=0.7071C14+0.7071C20$

聚合物的 HOMO 能量水平可以简单地表征其抗氧化性,聚合物的 HOMO 能量水平越高,其越容易失去电子,抗氧化能力越差,反之,抗氧化能力越好。我们在 B3LYP/6-31G(d) 水平上结合 PBC 方法计算了聚合物的前线分子轨道能量大小以及带隙值(表 3.3)。

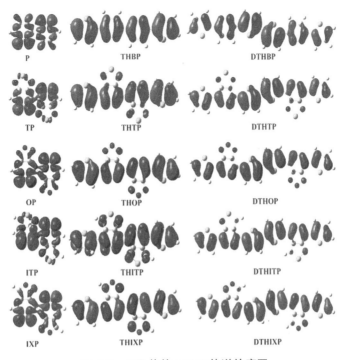

图 3.2　二聚体的 HOMO 轨道轮廓图

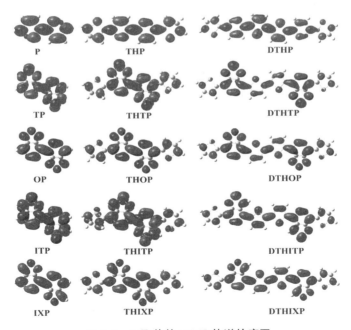

图 3.3　二聚体的 LUMO 轨道轮廓图

表 3.3　聚合物的 HOMO 和 LUMO 的能量、带隙、开路电压(V_{oc})、
LUMOD-LUMOA(L-L)和 HOMOD-HOMOA(H-H)能量差

聚合物	H 能量（eV）	L 能量（eV）	E_g（eV）	V_{oc}（V）	L-L 能量差（eV）	H-H 能量差（eV）
PP	−6.58	−3.04	3.54	1.98	1.26	−0.58
PTHP	−5.41	−2.84	2.57	0.81	1.46	0.59
PDTHP	−5.13	−2.77	2.36	0.53	1.53	0.87
PTP	−6.84	−3.96	2.88	2.24	0.34	−0.84
PTHTP	−5.43	−3.82	1.61	0.83	0.48	0.57
PDTHTP	−5.07	−3.65	1.42	0.47	0.65	0.93
POP	−7.68	−5.19	2.49	3.08	−0.89	−1.68
PTHOP	−5.85	−4.28	1.57	1.25	0.02	0.15
PDTHOP	−5.36	−3.90	1.46	0.76	0.40	0.64
PITP	−6.44	−3.84	2.60	1.84	0.46	−0.44
PTHITP	−5.37	−3.45	1.92	0.77	0.85	0.63
PDTHITP	−4.99	−3.32	1.67	0.39	0.98	1.01
PIXP	−6.87	−4.32	2.55	2.27	−0.02	−0.87
PTHIXP	−5.62	−3.70	1.92	1.02	0.60	0.38
PDTHIXP	−5.61	−3.45	1.71	1.01	0.85	0.39

从表 3.3 可以看出，本书所研究的聚合物的 HOMO 能量水平（在 −4.99 eV 以下）均低于相同计算水平下 P3HT 的 HOMO 值（−4.32 eV），因此本书设计的 15 种聚合物较 P3HT 具有更好的抗氧化能力。另外，为了考察聚合物的热稳定性，我们还计算了聚合物低聚体的中心键在基态和激发态下的解离能，分别定义为 BDE[g] 和 BDE[e]($S_1 \leftarrow S_0$ 的垂直激发），并将数据列于表 3.4。表 3.4 中的 BDE 值较大，且介于 C—C 键能（347.7 kJ/mol）和 C═C 键能（615 kJ/mol）之间。此外，在这些聚合物中，随着噻吩数量的增加，键解离能增大，再一次反映出噻吩的加入使聚合物的结构更加稳定。

以上研究表明，这些聚合物具有的良好共轭性使其具有良好的结构稳定性，同时，良好的共轭性和平面性使得聚合物具有较低的 HOMO 能量水平，进而拥有较强的性质稳定性。

表 3.4 TD-B3LYP/6-31G(d)方法获得了二聚体的电子激发态、激发能 E^{ex}、最大吸收
波长 λ_{max}、振子强度 f、电子跃迁和主要跃迁成分、以及解离能(BDE)

分子	λ_{max} (nm)	f	E^{ex} (eV)	主要跃迁成分	BDE^g (kJ/mol)	BDE^e (kJ/mol)
P	250	0.47	4.97	H－2→LUMO(81%)H－4→LUMO(－4%),H－3→L＋1(3%)	478.39	431.03
THP	374	1.45	3.31	HOMO→LUMO(89%)	485.03	439.36
DTHP	479	2.23	2.59	HOMO→LUMO(87%)	538.85	386.96
TP	340	0.27	3.65	H－2→LUMO(86%)H－1→LUMO(－3%)	430.91	391.85
THTP	538	0.77	2.31	HOMO→LUMO(87%)	443.04	402.84
DTHTP	723	1.43	1.72	HOMO→LUMO(85%)	539.53	488.58
OP	353	0.37	3.51	H－2→LUMO(85%)	439.38	431.44
THOP	577	1.04	2.15	HOMO→LUMO(83%)	455.92	420.17
DTHOP	730	1.63	1.70	HOMO→LUMO(83%)	540.20	479.41
ITP	336	0.21	3.69	H－2→LUMO(47%),HOMO→LUMO(－37%)H－1→L＋1(－3%)	425.35	382.49
THITP	459	0.71	2.70	HOMO→LUMO(87%),H－3→LUMO(3%)	433.19	399.57
DTHITP	617	2.01	1.74	HOMO→LUMO(87%)	539.09	640.41
IXP	365	0.40	3.39	HOMO→LUMO(86%)	431.37	433.62
THIXP	499	1.18	2.49	HOMO→LUMO(84%)	442.85	423.70
DTHIXP	612	1.97	2.03	HOMO→LUMO(85%)	540.21	435.76

3.3.2 聚合物的开路电压

根据 $HOMO^D$-$LUMO^A$ 的能量抵消模型[19-21],我们计算了所研究聚合物的开路电压(V_{oc}),计算结果列于表 3.3。从表 3.3 可以看出,虽然噻吩的加入升高了 HOMO 能级,但是,同时也降低了 V_{oc}。然而,本书所设计的聚合物的 V_{oc} 值(均高于 0.39 V)明显高于相同计算水平上的 P3HT/PC61BM 的 V_{oc} 值(－0.18 V),这是由于前者具有更低的 HOMO 能量水平导致的。因此,设计的聚合物的实验 V_{oc} 值将高于 0.6 V(P3HT/PC61BM 的实验开路电压值)。研究的这 15 种聚合物具有较低的 HOMO 能量水平,导致聚合物/PC61BM 之间的能级间隙变大,从而产生较大的开路电压。因此,这些设计的聚合物将具有较高的开路电压。

3.3.3 聚合物短路电流的主要影响因素的研究

从理论上直接给出光伏材料的短路电流(J_{sc})是很困难的。[22]而在相似的形貌下,聚合物的捕获光量子能力、激子在供体/受体界面的分离能力、以及空穴在供体聚合物中的传输速率可以作为衡量J_{sc}的因素。

聚合物较好的捕获光量子的能力要求其具有较窄的带隙(1.3～1.9 eV)及在可见光区具有较宽的吸收带。从表3.3的聚合物的带隙可以看出,在本书研究的聚合物中,只有 PTHTP(1.61 eV)、PDTHTP(1.42 eV)、PTHOP(1.57 eV)、PDTHOP(1.46 eV)、PTHITP(1.92 eV)、PDTHITP(1.67 eV)、PTHIXP(1.92 eV)和PDTHIXP(1.71 eV)的带隙值低于相同计算水平下 P3HT 的带隙值(2.02 eV),因此,相对于 P3HT,这些设计的聚合物将较容易捕获光量子。此外,图 3.4 给出了聚合物二聚体的吸收光谱,表 3.4 中给出了各吸收光谱的详细信息,如最大吸收波长(λ_{max})、振子强度(f)、激发能(E^{ex})、跃迁方式及组态系数等。

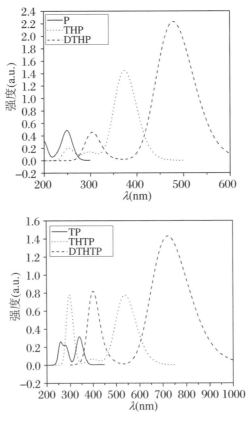

图 3.4　各聚合物二聚体的吸收光谱图

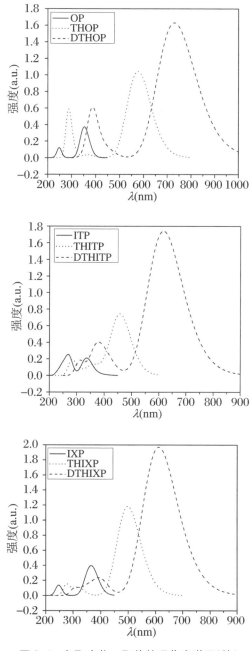

图 3.4　各聚合物二聚体的吸收光谱图(续)

通过图 3.4 和表 3.4 可以看出,各组聚合物随着噻吩的比例增加,吸收光谱红移,且激发能降低,增大了电子的跃迁概率,尤其是 D-A-D 式的聚合物:PDTHP、

PDTHTP、PDTHOP、PDTHITP、PDTHIXP，然而，PDTHTP 的带隙偏大，故不易于吸收光量子。因此，综合考虑聚合物的带隙和吸收光谱的因素，在十五种聚合物中，只有 PDTHTP、PDTHOP、PDTHITP 和 PDTHIXP 表现出优越的捕获光量子能力。这是由于 PDTHTP、PDTHOP、PDTHITP、PDTHIXP 等 D-A-D 式的聚合物的良好的 π 键体系，缩小了其能级间距。因为 PDTHTP、PDTHOP、PDTHITP 和 PDTHIXP 具有较好的捕获光量子的能力，所以，以下的讨论主要以上述四种 D-A-D 式的共聚物为主。

从表 3.3 中的 L-L 和 H-H 差值可以看出，D-A-D 式的聚合物的前线轨道水平很好地满足了激子分离的基本条件，即供体的 HOMO 和 LUMO 能级分别高于受体的 HOMO 和 LUMO 能级，而且，$LUMO^D$-$LUMO^A$（L-L）和 $HOMO^D$-$HOMO^A$（H-H）之间的能差大于 0.3～0.5 eV。[23-24]另外，从表 3.5 中的电离势（I_P，由负的 HOMO 值估算）可以看出，相对于 PC61BM 的 I_P 值（6.0 eV），D-A 式的共聚物（PTHP、PTHTP、PTHOP、PTHITP、PTHIXP）和 D-A-D 式的共聚物（PDTHP、PDTHTP、PDTHOP、PDTHITP、PDTHIXP）的 I_P 值较小，这反映出 D-A 和 D-A-D 式的聚合物具有较小的注入空穴的势垒。而 A-A 式的均聚物因为具有较高的空穴注入势垒，其在空穴注入方面表现出较差的性质。同时，表 3.5 中的电子亲和势（E_A，由负的 LUMO 值估算）表明，相对于 PC61BM 的 E_A 值（4.3 eV），这些 D-A 和 D-A-D 式聚合物的 E_A 值较小，因此，PC61BM 更容易注入电子，这有利于电子-空穴对在聚合物/PC61BM 界面进行有效的分离。而且，随着噻吩比例的增加，聚合物注入空穴的能力增强，而注入电子的能力减弱，因此，噻吩的加入降低了聚合物的空穴注入势垒。综上所述，本书设计的 D-A 和 D-A-D 式的聚合物在激子分离方面明显优于 A-A 式的聚合物。

总之，综合考虑光量子的捕获，以及供体/受体界面的激子分离等影响光伏性能的因素，PDTHTP、PDTHOP、PDTHITP 和 PDTHIXP 是这 15 种共聚物中潜在的具有优良光伏性能的材料。

空穴传输速率是影响聚合物短路电流的又一重要因素。本书计算了所有聚合物的空穴传输速率（K）以及其相关的参数，如分子内空穴重组能（λ）、及交换积分（t），相应的数据列于表 3.5。从表 3.5 可以看出，D-A-D 式的共聚物的 K 值（大于 10^{14} S^{-1}）明显大于相同计算水平下 P3HT 的 K 值（2.93×10^{13} S^{-1}），因此，D-A-D 式的共聚物有较好的空穴传输性质。这是由于相对于 P3HT（$\lambda = 0.47$ eV），本书设计的 D-A-D 式的共聚物在失电子的过程中振动结构的改变，只需要跃过较小的能垒，从而产生很小的重组能，同时具有较强的电子耦合。而对于 A-A 式和 D-A 式的聚合物，因为其较大的 λ 和较小的电子耦合，其 K 值较小。从各个聚合物的捕获光量子的能力、界面激子分离能力以及空穴传输速率等影响短路电流的影响因素可以看出,D-A-D 式的共聚物表现出较好的光伏性能,尤其是 PDTHTP、PDTHOP、PDTHITP 和 PDTHIXP 等四种共聚物。

表 3.5　电离势(I_P)、电子亲和势(E_A)、总空穴重组能(λ)、空穴转移积分(t)和空穴传输速率(K)

分子	I_P (eV)	E_A (eV)	λ_h (eV)	t_h (eV)	K (S^{-1})
PP	6.58	3.04	0.57	0.10	8.71×10^{11}
PTHP	5.41	2.84	0.26	0.19	9.48×10^{13}
PDTHP	5.13	2.77	0.25	0.37	4.04×10^{14}
PTP	6.84	3.96	1.13	0.01	2.67×10^{7}
PTHTP	5.43	3.82	0.37	0.23	4.00×10^{13}
PDTHTP	5.07	3.65	0.25	0.38	4.26×10^{14}
POP	7.68	5.19	1.02	0.04	1.31×10^{9}
PTHOP	5.85	4.28	0.34	0.32	1.08×10^{14}
PDTHOP	5.36	3.90	0.26	0.37	3.59×10^{14}
PITP	6.44	3.84	1.19	0.01	1.45×10^{7}
PTHITP	5.37	3.45	0.47	0.16	6.49×10^{12}
PDTHITP	4.99	3.32	0.30	0.29	1.39×10^{14}
PIXP	6.87	4.32	0.97	0.06	4.92×10^{9}
PTHIXP	5.62	3.70	0.38	0.23	3.58×10^{13}
PDTHIXP	5.61	3.45	0.29	0.29	1.56×10^{14}

通过研究 15 种共聚物的开路电压和短路电流等影响因素,研究表明,4 种 D-A-D 式的共聚物 PDTHTP、PDTHOP、PDTHITP 和 PDTHIXP 表现出较好的光伏性能。

本章通过周期边界条件-密度泛函方法研究了 15 种哒嗪衍生物的光伏性能。该研究表明,噻吩的加入提高了聚合物的稳定性,增强了供体/受体界面激子分离能力,增大了聚合物的空穴传输性质等短路电流的影响因素,保持了较高的开路电压。在这 15 种聚合物中,D-A-D 式的共聚物 PDTHTP、PDTHOP、PDTHITP 和 PDTHIXP 在光伏性能上优于经典的光伏材料(P3HT),因此,以上 4 种共聚物是潜在的优良的光伏材料。

参 考 文 献

［1］ Lincker F, Kreher D, Attias A J et al. Rodlike fluorescent-conjugated 3,3'-bipyridazine ligand: optical, electronic, and complexation properties［J］Inorg. Chem., 2010, 49 (9): 3991-4001.

［2］ Gocmen C, Buyuknacar H S, Kots A Y, et al. The relaxant activity of 4,7-dimethyl-1, 2,5-oxadiazolo［3,4-d］pyridazine 1,5,6-trioxide in the mouse corpus cavernosum［J］. Exp. Ther., 2006, 316(2): 753-761.

［3］ Gendron D, Morin P, Najari A, et al. Synthesis of new pyridazine-based monomers and related polymers for photovoltaic applications［J］. Macromol. Rapid Commun., 2010, 31(12):1090-1094.

［4］ Parr G, Yang W. Density-Functional Theory of Atoms and Molecules［M］. New York: Oxford University Press; 1989.

［5］ Becke A D. Density-functional thermochemistry. III. the role of exact exchange［J］. J. Chem. Phys., 1993, 98(7): 5648-5652.

［6］ Ditchfield R, Hehre W J, Pople J A. Self-consistent molecular-orbital methods. IX. extended gaussian-type basis for molecular-orbital studies of organic molecules［J］. J. Chem. Phys., 1971, 54(2): 724-728.

［7］ Fripiat J G, Flamant I, Harris F E, et al. Computational aspects of polymer band structure calculations by the Fourier space restricted hartree-fock method［J］. Int. J. Quantum Chem. 2000, 80(4/5): 856-862.

［8］ Coropceanu V, Cornil J, da Silva Filho D A, et al. Charge transport in organic semiconductors［J］. Chem, Rev., 2007, 107(4), 926-952.

［9］ Schleyer PvR, Maerker C, Dransfeld A, Jiao. Nucleus-independent chemical shifts: A simple and efficient aromaticity probe［J］. J. Am. Chem. Soc., 1996, 118(6), 6317-6318.

［10］ Lee C, Yang W, Parr R G. Development of the Colle-Salvetti correlation-energy formula into a functional of the electron density［J］. Phys. Rev. B, 1988, 37(2), 785-789.

［11］ Bader R F W. Atoms in molecules, a quantum theory; international series of monographs in chemistry［M］. New York: Oxford University Press, 1990.

［12］ Carpenter J E, Weinhold F. Analysis of the geometry of the hydroxymethyl Radical by the "different hybrids for different spins" natural bond orbital procedure［J］. J. Mol. Struct. (THEOCHEM), 1988, 46: 41-62.

［13］ Reed A E, Curtiss L A, Weinhold F. Intermolecular interactions from a natural bond orbital, donor-acceptor viewpoint[J]. Chem. Rev., 1988, 88(6): 899-926.

[14] Foster J P, Weinhold F. Natural hybrid orbitals[J]. J. Am. Chem. Soc., 1980, 102 (24): 7211-7218.

[15] Reed A E, Weinstock R B, Weinhold F. Natural population analysis[J]. J. Chem. Phys., 1985, 83(2): 735-746.

[16] Almlöf J, Taylor P R. Atomic natural orbital (ANO) basis sets for quantum chemical calculations[J]. Adv. Quantum Chem., 1991, 22: 301-373.

[17] Herlem G, Lakard B. Ab initio study of the electronic and structural properties of the crystalline polyethyleneimine polymer[J]. J, Chem. Phys., 2004, 120(19): 9376-9382.

[18] Marcus R A. The theory of oxidation-reduction reactions involving electron transfer[J]. I., J. Chem. Phys., 1956, 24, 966-978.

[19] Scharber M, Muehlbacher D, Koppe M, et al. Design rules for donors in bulk-heterojunction solar cells-towards 10% energy-conversion efficiency[J]. Adv. Mater., 2006, 18(6), 789-794.

[20] Mihailetchi V D, Blom P W M, Hummelen J C, et al. Cathode dependence of the open-circuit voltage of polymer: Fullerene bulk heterojunction solar cells[J]. Appl. Phys., 2003, 94(10): 6849-6854.

[21] Bauschlicher C W Jr, Lawson J W. Current-Voltage curves for molecular junctions. effect of substituents[J]. Phys. Rev. B, 2007, 75(11): 115406/1-115406/6.

[22] Thompson B C, Frechet J M J. Polymer-Fullerene composite solar cells[J]. Angew. Chem. Int. Ed., 2008, 47(1): 58-77.

[23] Halls J, Cornil J, dos Santos D A, et al. Charge and energy-transfer processes at polymer/polymer interfaces: a joint experimental and theoretical study[J]. Phys. Rev. B, 1999, 60(8): 5721-5727.

[24] Brabec C J, Winder C, Sariciftci N S, et al. A low-bandgap semiconducting polymer for photovoltaic devices and infrared emitting diodes[J]. Adv. Funct. Mater., 2002, 12 (10): 709-712.

第4章 基于碳与苯并二噻吩的
能源材料构效关系研究

4.1 引　　言

在 2010 年,Huo 和他的合作者们报道了含有苯并二噻吩(BDT)的聚合物 PBDTTBT[1],其结构见图 4.1。他们的研究表明,以 PBDTTBT/PC$_{70}$BM 作为活化层的太阳能电池表现出良好的光伏性能,其光电转换效率(PCE)达到 5.66%。[1]

本书以碳材料富勒烯为受体,以 PBDTTBT 为供体,组成了 PBDTTBT/碳能源材料体系,通过计算 PBDTTBT/碳(PC70BM)的开路电压,以及聚合物的带隙、低聚体的吸收光谱、聚合物的空穴传输速率、PBDTTBT/PC70BM 界面激子分离与复合的速率之比等影响短路电流的主要因素,此外,我们还研究了 PBDTTBT 的结构与性质稳定性。为了评估计算结果的准确性,对一些重要的实验数据与实验值进行了对比。另外,BDT 衍生物的分子结构不仅能够保持其较大的迁移率[2],还能够使其分子形成共面的 π-π 堆积。而且,在 2008 年 Yang Yang 课题组预言 BDT 单元在聚合物分子设计方面必定会起到重要的作用。[3]鉴于此,我们根据 PBDTTBT设计了四种聚合物(尚未被合成出来):PBDTTTP、PBDTTTO、PBDTTTPD和PBDTTFPD(图 4.1),通过比较它们与 PBDTTBT 在光伏性能上的差别,来说明这四种设计的聚合物作为 PSC 材料的潜在应用前景。

4.2 研　究　方　法

在计算中,为了易于处理分子模型,聚合物在实验环境中所处的凝聚态环境通常被忽略。此外,我们用丁基取代辛烷基,以保证在不影响分子的平衡构型和电子

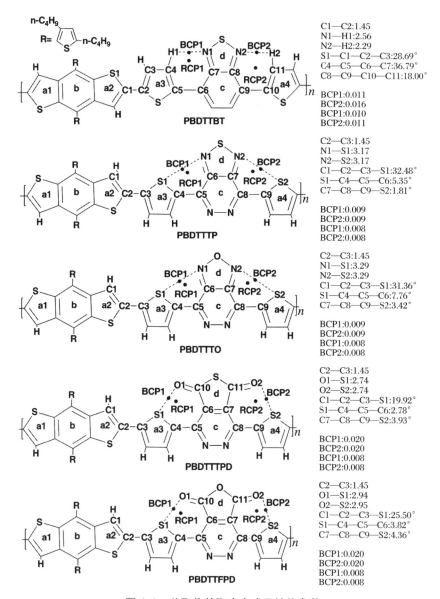

图 4.1　共聚物的聚合方式及结构参数

云分布的同时降低计算成本。本书用密度泛函理论(DFT)和含时的密度泛函理论
(TD-DFT)[4]在 B3LYP/6-31G(d)[5-6]水平上计算了聚合物低聚体的电子结构和
光学性质。所有优化的结构都没有虚频,这表明这些优化的结构都是势能面上的
稳定点。鉴于周期边界条件-密度泛函(PBC-DFT)方法在计算共轭聚合物方面已
经被认为是一种可以信赖的计算方法[7-10],本书采用 PBC 方法[11]在 B3LYP/6-31
G(d)和 B3PW91/6-31G(d)[12]水平计算了聚合物的前线轨道能量和带隙。所有的

计算由 Gaussian03 程序完成。[13]基于优化好的结构,我们在 B3LYP/6-31G(d)水平上对聚合物的重复单元做了电子密度拓扑分析和无核化学位移(NICS)[14]计算。拓扑分析由分子中的原子(AIM)[6]计算得到。NICS 用来分析单环体系的芳香性、反芳香性或者非芳香性。[15]在本书中,NICS 被定义为在成环临界点(RCP)的磁屏蔽系数的负值,而 RCP 由 AIM 计算得到。此外,用自然键轨道理论(NBO)[16-19]NBO5.0[20]程序包对反应中的成键特征进行了计算和分析。通过 GaussSum 1.0[21-22]程序,模拟了态密度(DOS)和投影态密度(PDOS)图。另外,本书采用 Marcus 理论[23-24]在 B3LYP/6-31G(d)水平上计算了共聚物分子的空穴传输速率(K),其中的电荷转移积分采用孤立轨道法进行计算。

4.3 结果与讨论

4.3.1 PBDTTBT 的光伏性能的研究

聚合物的聚合方式及结构参数如图 4.1 所示,图 4.2 列出了各聚合物的母体结构及各部分的简写。聚合物的结构稳定性与其共轭性有关,无核化学位移

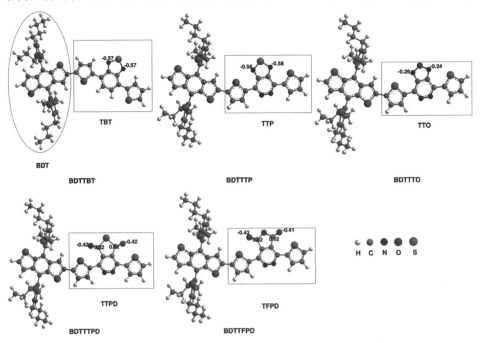

图 4.2 共聚物母体分子的结构示意图及各部分简称

(NICS)可以直接和简洁地描述电子环流情况,从而能够检验聚合物的共轭性。在 B3LYP/6-31G(d)水平上计算聚合物的一个重复单元的 NICS 值被列于表 4.1 中,NICS 值所对应的位置在图 4.1 中给出。表 4.1 中的 NICS 值表明,PBDTTBT 中电子较强的离域性降低了各环的电子环流密度,因此,PBDTTBT 是具有良好共轭性质的聚合物。另外,图 4.3 中聚合物单体和二聚体的 HOMO 和 LUMO 轨道图清晰地表明 PBDTTBT 具有很好的共轭性,且随着聚合度的增加,分子的共轭性增强。因此,PBDTTBT 的聚合物的共轭性应该优于其二聚体的共轭性,在我们以前的研究体系中也发现了类似的情况。[25-26]此外,作为桥梁连接供、受体的 π 共轭键也能够反映聚合物的共轭程度。

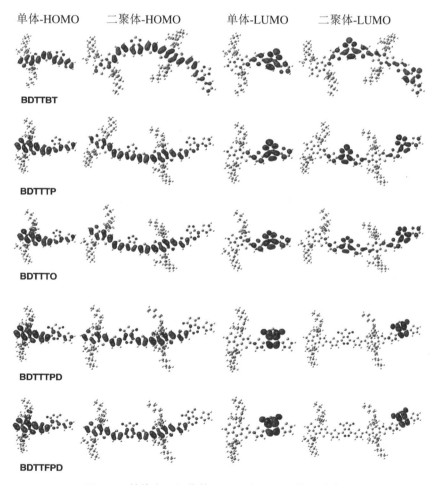

图 4.3　单体和二聚体的 HOMO 和 LUMO 轨道轮廓图

图 4.1 和表 4.1 中列出了所有聚合物的中心键的性质。PBDTTBT 的中心键的键长、Wiberg 键级(WBI)、以及 C1 和 C2 原子的杂化类型均表明该键具有一

定的 π 键特征。另外,表 4.2 中 PBDTTBT 的中心键成键临界点(BCP)的电荷密度 $\rho(r)$ 和拉普拉斯电荷密度 $\nabla^2\rho(\gamma)$[27] 表明:C1 和 C2 原子之间存在着开放作用导致该键具有较强的电荷堆积,这从侧面反映了 PBDTTBT 良好的共轭性。以上关于 PBDTTBT 的电子结构的研究表明,PBDTTBT 具有良好的共轭性和结构稳定性。

表 4.1　聚合物成环临界点(RCP)的 NICS 值

聚合物	a_1	a_2	a_3	a_4	b	c	d
PBDTTBT	3.60	-7.57	-9.55	-3.46	0.98	-3.18	-14.71
PBDTTP	7.28	-8.09	-8.19	-1.68	2.69	-2.09	-15.11
PBDTTO	6.10	-6.95	-8.37	-1.87	3.17	-2.69	-14.23
PBDTTTPD	7.50	-7.34	-9.02	-3.87	3.00	-3.92	-0.44
PBDTTFPD	6.67	-6.54	-8.89	-3.21	3.32	-3.54	-0.22

表 4.2　聚合物中心键的 Wiberg 键级,成键轨道的电子组态,键解离能(BDE),成键临界点(BCP)的电荷密度 $\rho(\gamma)$,拉曼拉斯电荷密度 $\nabla^2_\rho(r)$

(能量单位:kJ/mol)

聚合物	$\rho(\gamma)$	$\nabla^2\rho(r)$	Wiberg 键级	杂化类型	BDE[g]	BDE[e]
PBDTTBT	0.28	-0.69	1.16	$\pi_{C1-C2}=0.7064C1+0.7078C2$	535.35	468.07
PBDTTP	0.28	-0.70	1.17	$\pi_{C2-C3}=0.7071C2+0.7071C3$	535.22	495.81
PBDTTO	0.28	-0.70	1.18	$\pi_{C2-C3}=0.7070C2+0.7072C3$	535.53	493.31
PBDTTTPD	0.28	-0.71	1.18	$\pi_{C2-C3}=0.7075C2+0.7067C3$	533.51	485.98
PBDTTFPD	0.28	-0.70	1.17	$\pi_{C2-C3}=0.7073C2+0.7069C3$	533.79	476.05

抗氧化性是共轭聚合物作为光伏材料的前提条件。聚合物的抗氧化能力主要与其 HOMO 的能量水平有关。聚合物的 HOMO 能量水平越高,其越容易失去电子,抗氧化能力越差,反之,抗氧化能力越好。为了能够准确地计算 PBDTTBT 的前线分子轨道水平并寻找合理的计算方法来模拟设计的聚合物,我们采用了相同的基组,不同的 PBC-DFT 方法(B3LYP,B3PW91,PW91PW91,PBEPBE,LSDA)计算了其前线分子轨道能量水平和带隙,研究表明,只有在 B3LYP/6-31G(d)和 B3PW91/6-31G(d)水平上计算的结果与实验值接近,如表4.3所示。因此,后面对于设计的聚合物的前线轨道能量及带隙,我们均在

B3LYP/6-31G(d)和 B3PW91/6-31G(d)水平上计算。PBDTTBT 的 HOMO 能量水平低于-5.27 eV(空气氧化阈值大约为-5.27 eV)[28],因此,PBDTTBT 在理论上具有较好的抗氧化性。相对于实验 HOMO 值(-5.31 eV),理论值(B3LYP:-5.01,B3PW91:-5.11 eV)偏大,造成这种偏差的主要原因是实验和理论的计算环境不同。另外,为了考察 PBDTTBT 的热稳定性,我们还计算了聚合物低聚体的中心键在基态和激发态下的解离能,分别定义为 BDE^g 和 BDE^e($S_1 \leftarrow S_0$ 的垂直激发),并将数据列于表 4.2。表 4.2 中 PBDTTBT 的 BDE^g 值(535.25 kJ/mol)介于 C—C 键能(347.7 kJ/mol)和 C=C 键能(615 kJ/mol)之间,BDE^e 的值小于 BDE^g 大约70 kJ/mol。以上研究表明,PBDTTBT 的较大的键解离能使其较难被解离,这与其实验结果一致。[1]因此,PBDTTBT 在理论和实验上都表现出了良好的性质稳定性。

表 4.3　各种密度泛函方法计算的 PBDTTBT 的前线分子轨道能量水平及带隙

(单位:eV)

参数	实验激发能	理论激发能				
		B3LYP/6-31G(d)	B3PW91/6-31G(d)	PW91PW91/6-31G(d)	PBEPBE/6-31G(d)	LSDA/6-31G(d)
H	-5.31	-5.01	-5.11	-4.41	-4.38	-4.98
L	-3.44	-2.68	-2.76	-3.28	-3.24	-3.92
E_g	1.87	2.33	2.35	1.13	1.14	1.05

根据 HOMOD-LUMOA 能量抵消模型[29-31],我们在 B3LYP/6-31G(d)和 B3PW91/6-31G(d)水平上计算了 PBDTTBT 的开路电压(V_{OC}),计算公式如下:

$$V_{OC} = (1/e)(|E^{Donor} HOMO| - |E^{PCBM} LUMO|) - 0.3 \qquad (4.1)$$

其中,e 是基元电荷,$E^{PCBM} LUMO$ 等于-4.3 eV(PC70BM),0.3 是用来抵消激子束缚能的经验参数。[32]计算结果列于图 4.4 中,从图 4.4 可以看出,PBDTTBT 的理论 V_{OC}(B3LPY:0.41 V,B3PW91:0.51 V)低于实验值(0.92 V),这主要是由于计算的共轭聚合物的 HOMO 能量水平高于实验值导致的。

此外,我们计算了 PBDTTBT 的带隙、吸收光谱、空穴传输速率、PBDTTBT/PC70BM 界面激子分离与复合的速率之比等影响其短路电流的主要因素。通过研究 PBDTTBT 的带隙和吸收光谱可以定性地分析其捕获太阳光量子的能力。本书在 B3LYP/6-31G(d)和 B3PW91/6-31G(d)水平上计算的聚合物的带隙列于图 4.4。从图 4.4 可以看出,PBDTTBT 具有较小的理论带隙(B3LYP:2.33 eV,B3PW91:2.35 eV),而且,基于两种方法计算的带隙大小相近,且与实验值之间的误差在 0.5 eV 以内。由于无法直接测得模拟聚合物在溶剂中的吸收光谱,所以,本书仅从理论上比较了各聚合物的单体的吸收光谱。我们采用 TD-DFT/B3LYP 泛函和 6-31G(d) 基组模拟的 PBDTTBT 单体的吸收光谱列于图 4.5(a)（较小的光谱图）。其中，为了与实验条件一致，本书采用极化连续介质模型（PCM）[33]计算了氯仿对吸收光谱的影响。

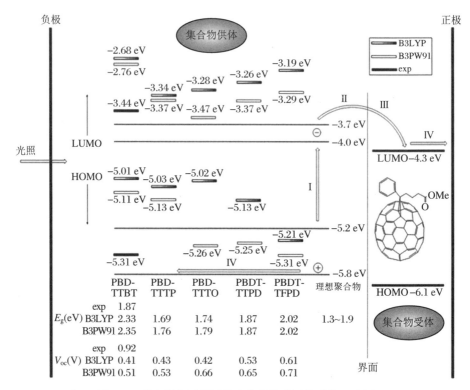

图 4.4　光电转换过程及聚合物前线分子轨道能量水平

另外，关于模拟的吸收光谱的详细信息，如吸收波长（λ）、振子强度（f）、激发能（E^{ex}）、跃迁方式及组态系数等列于表 4.4 中。从图 4.5(a) 可以看出，PBDTTBT 的吸收波长覆盖了整个可见光区，且实验和理论的吸收光谱图在吸收带和波形上吻合得较好。此外，各个激发态的电子差分密度图（见图 4.6）表明，PBDTTBT 的 400 nm 以后的长波吸收峰对电子转移的贡献，且长波方向（607 nm）的电子跃迁属于从 HOMO 到 LUMO 的 $\pi \rightarrow \pi^*$ 跃迁。以上研究表明，PBDTTBT 的较窄的带隙、较宽的吸收带使其较容易捕获光量子而发生电子跃迁。

从表 4.5 可以看出，所有研究的聚合物都满足激子分离的基本条件，即供体的 HOMO 和 LUMO 能级分别高于受体的 HOMO 和 LUMO 能级，而且，LUMO^D-LUMO^A（L-L）和 HOMO^D-HOMO^A（H-H）之间的能量差大于 0.3～0.5 eV。[34-35]

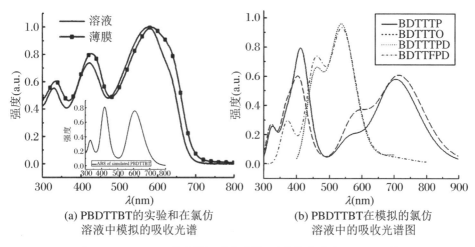

(a) PBDTTBT的实验和在氯仿
溶液中模拟的吸收光谱

(b) PBDTTBT在模拟的氯仿
溶液中的吸收光谱图

图 4.5　PBDTTBT 的实验及吸收实验图(半峰全宽为 3000 cm^{-1})

表 4.4　TD-B3LYP/6-31G(d)方法获得了单体的电子激发态、激发能 E^{ex}、
吸收波长 λ、振子强度 f、电子跃迁以及主要跃迁成分

单体	λ(nm)	f	E^{ex}(eV)	主　要　组　态
PBDTTBT	607	0.81	2.04	HOMO→LUMO(99%)
	424	0.34	2.92	H−3→LUMO(−41%),HOMO→L+1(48%) H−4→LUMO(5%),H−2→LUMO(4%)
	416	0.39	2.98	H−3→LUMO(51%),HOMO→L+1(35%) H−2→LUMO(9%)
	327	0.18	3.79	H−9→LUMO(−34%),HOMO→L+2(42%) H−7→LUMO(4%),H−4→L+1(−2%) H−3→L+1(−8%),HOMO→L+3(3%)
PBDTTTP	706	0.61	1.76	HOMO→LUMO(99%)
	568	0.20	2.18	H−1→LUMO(98%)
	414	0.70	2.99	H−5→LUMO(−12%),HOMO→L+1(83%)
	372	0.29	3.33	H−1→L+1(90%)H−10→LUMO(−6%)
	323	0.16	3.84	HOMO→L+3(86%)H−11→LUMO(−3%)
PBDTTTO	718	0.63	1.73	HOMO→LUMO(100%)
	583	0.36	2.13	H−1→LUMO(99%)
	408	0.56	3.04	HOMO→L+1(93%)H−4→LUMO(3%)

单体	λ(nm)	f	E^{ex}(eV)	主 要 组 态
PBDTTTO	370	0.29	3.35	$H-10 \rightarrow LUMO(-14\%)$, $H-1 \rightarrow L+1(81\%)$
	321	0.21	3.86	$HOMO \rightarrow L+3(86\%)$ $H-11 \rightarrow LUMO(-2\%)$ $HOMO \rightarrow L+4(-3\%)$
PBDTTTPD	538	0.96	2.30	$HOMO \rightarrow L+1(97\%)$
	456	0.61	2.72	$H-1 \rightarrow L+1(97\%)$
PBDTTFPD	550	0.12	2.26	$H-1 \rightarrow LUMO(80\%)$, $HOMO \rightarrow L+1(-17\%)$
	540	0.85	2.30	$HOMO \rightarrow L+1(83\%)$
	459	0.69	2.70	$H-1 \rightarrow L+1(98\%)$
	376	0.15	3.29	$H-9 \rightarrow LUMO(27\%)$, $H-4 \rightarrow L+1(30\%)$ $HOMO \rightarrow L+2(34\%)$ $H-8 \rightarrow LUMO(-6\%)$

此外,我们通过 Marcus 理论,即式(4.1),来定性地分析 PBDTTBT/富勒烯衍生物界面激子分离和复合速率之比。与计算聚合物供体的空穴传输速率不同的是,在计算界面激子分离与复合速率时,λ 是供体/受体重组能,t 是供体/受体之间的电荷转移积分。而且,此时代表电子转移反应中的自由能变化的 ΔG° 不为零,在激子的分离和复合过程中,ΔG° 分别代表激子分离能 ΔG_{CT} 和复合能 ΔG_{CR}。从式(4.1)可以看出,对于同一种聚合物与富勒烯的混合物,λ 和 t 都是相同的,此时,影响激子的分离与复合速率的参数分别是 ΔG_{CT} 和 ΔG_{CR}。

表 4.5 $LUMO^D$-$LUMO^A$、$HOMO^D$-$HOMO^A$ 的能量差、激子复合能(ΔG_{CR})、分离能(ΔG_{CT})、及 K_{CT}/K_{CR}

（能量单位:eV）

		PBDTTBT	PBDTTTP	PBDTTTO	PBDTTTPD	PBDTTFPD
L-L 能量差	exp	0.86	—	—	—	—
	B3LYP	1.62	0.96	1.02	1.04	1.11
	B3PW91	1.54	0.93	0.83	0.93	1.01
H-H 能量差	exp	0.79	—	—	—	—
	B3LYP	1.09	1.07	1.08	0.97	0.89
	B3PW91	0.99	0.97	0.84	0.85	0.79
ΔG_{CR}	B3LYP	-1.76	-1.92	-2.10	-2.09	-2.15
ΔG_{CT}	B3LYP	-0.31	0.14	0.29	0.21	0.15
K_{CT}/K_{CR}	B3LYP	2.60×10^5	2.16×10^4	1.71×10^3	4.87×10^5	3.08×10^6

ΔG_{CR} 可以这样给出：

$$\Delta G_{CR} = E_{IP}(D) - E_{EA}(A) \tag{4.2}$$

其中，$E_{IP}(D)$ 和 $E_{EA}(A)$ 分别代表供体的电离势和受体的电子亲和势。ΔG_{CT} 的表达式可以通过 Rehm-Weller 方程[36]给出：

$$\Delta G_{CT} = -\Delta G_{CR} - \Delta E_{0-0} - E_b \tag{4.3}$$

其中，ΔE_{0-0} 是供体的最低激发能，E_b 是激子结合能，其可以通过电化学能隙和光学能隙之差来衡量。本书计算的化合物的重组能几乎都为 0.19 eV（PBDTTTPD/PC70BM 的重组能是 0.17 eV），这与并五苯/PC60BM 太阳能电池体系的重组能类似（0.1 eV）。[37]另外将计算的 ΔG_{CT} 和 ΔG_{CR} 的值以及激子分离速率 K_{CT} 和复合速率 K_{CR} 的比值 K_{CT}/K_{CR} 列于表 4.5。从表 4.5 可以看出，对于由 PBDTTBT/PC70BM 组成的太阳能电池，其 K_{CT} 是 K_{CR} 的 10^5 倍，即激子的分离能力明显地高于其复合的能力，这也是其能获得较大短路电流（J_{sc}）的原因之一。

本书在 B3LYP/6-31G(d)水平上计算了分子内空穴重组能（λ），交换积分（t），及空穴传输速率（K），并将数据列于表 4.6。理论计算的 PBDTTBT 的空穴传输速率为 2.83×10^{11} S^{-1}，而通过 Einstein 方程[38-41]得到的 PBDTTBT 的分子内空穴迁移率为 0.22 cm^2/(V·S)，与实验测定的含有噻吩衍生物的空穴迁移率一致（0.15~0.25 cm^2/(V·S)）。[1]图 4.7 中单体的态密度和投影态密度图表明，PBDTTBT 中存在供体-受体的结合方式，这种结合方式导致分子内存在推-拉式的相互作用。PBDTTBT 较好的平面性、共轭性，内部的推-拉式的相互作用使其分子在失电子过程中振动结构的改变仅需较小的能垒，这导致 PBDTTBT 具有较小的重组能、较强的电子耦合和较大的空穴传输速率和短路电流。

表 4.6　总空穴重组能（λ）、交换积分（t）、空穴传输速率（K）和空穴迁移率（μ）

分子	λ(eV)	t(eV)	K(S^{-1})	μ(cm^2/(V·S))
PBDTTBT	0.25	0.010	2.83×10^{11}	0.22
PBDTTTP	0.27	0.011	3.17×10^{11}	0.24
PBDTTTO	0.27	0.019	8.41×10^{11}	0.63
PBDTTTPD	0.30	0.008	1.07×10^{11}	0.09
PBDTTFPD	0.30	0.007	6.98×10^{10}	0.06

以上对 PBDTTBT 的光伏性能的研究表明，其良好的结构和性质稳定性、较大的开路电压、较强的捕获光量子能力、较大的空穴传输速率和较强的 PBDTTBT/PC70BM 的界面激子分离能力是其获得良好光伏性能的主要因素。

4.3.2　PBDTTTP、PBDTTTO、PBDTTTPD、PBDTTFPD 的光伏性能

在与 PBDTTBT 相同的计算水平下,我们研究了 PBDTTTP、PBDTTTO、PBDTTTPD、PBDTTFPD 的结构与性质稳定性,开路电压,以及吸收光谱、聚合物/PC70BM 界面激子分离与复合的速率之比、聚合物的空穴传输速率等短路电流的影响因素。

从图 4.3 的前线分子轨道图和表 4.1 中的 NICS 值可以看出,与 PBDTTBT 类似,四种设计的聚合物电子云的离域形成了稳定的共轭体系。通过观察图 4.1 和表 4.2 中设计的聚合物的中心键的性质,研究表明,与 PBDTTBT 相比,设计的聚合物的中心键具有更强的电荷堆积(WBI 键级更大,而 $\nabla^2 \rho(r)$ 值更负),因此,设计的聚合物具有比 PBDTTBT 更好的共轭性和结构稳定性。与 PBDTTBT 的理论 HOMO 水平相比,基于 B3LYP 和 B3PW91 计算的 4 种设计的聚合物的 HOMO 能量水平均低于 PBDTTBT,因而,这 4 种设计的聚合物均具有比 PBDTTBT 更强的抗氧化能力。此外,相对于 PBDTTBT 的解离能,四种设计的聚合物具有更大的解离能。因此,PBDTTTP、PBDTTTO、PBDTTTPD、PBDTTFPD 具有比 PBDTTBT 更好的性质稳定性。

此外,基于 B3LYP 和 B3PW91 2 种方法计算的 PBDTTTP、PBDTTTO、PBDTTTPD、PBDTTFPD 的开路电压均大于相同计算水平下的 PBDTTBT 的 V_{oc} 值,如在 B3LYP/6-31G(d)水平下 PBDTTBT、PBDTTTP、PBDTTTO、PBDTTTPD、PBDTTFPD 的 V_{oc} 值分别为 0.41 V、0.43 V、0.42 V、0.53 V、0.61 V,在 B3PW91/6-31G(d)水平下依次为 0.51 V、0.53 V、0.66 V、0.65 V、0.71 V,这是由于设计的聚合物具有更好的共轭性、更低的 HOMO 能量水平。因此,设计的聚合物具有比 PBDTTBT(V_{oc}:0.92 V)更高的实验 V_{oc} 值。

为了与 PBDTTBT 的吸收光谱做比较,我们在与 PBDTTBT 相同的计算水平下模拟了四种设计的聚合物单体在氯仿溶液中的吸收光谱,如图 4.5(b)所示。各个激发态电子跃迁的详细信息由表 4.4 给出。从图 4.5(b)可以看出,PBDTTTP 和 PBDTTTO 的吸收光谱形状相似,都在 300～800 nm 主要有四个吸收带,不同的是 TTO 更强的拉电子能力使得 PBDTTTO 的 Q 带相对于 PBDTTTP 红移了大约 10 nm。从表 4.4 可以看出,PBDTTTP 和 PBDTTTO 的最低能级的电子跃迁属于 HOMO 到 LUMO 的 $\pi \rightarrow \pi^*$ 跃迁,而且主要是从供体 BDT 转移至受体 TTP 或 TTO。另外,PBDTTTP 和 PBDTTTO 的各个激发态的电子差分密度图表明,它们在各个波长都有明显的电子转移,这说明 PBDTTTP 和 PBDTTTO 较容易捕获太阳光中的光量子。值得注意的是,PBDTTTP 和 PBDTTTO 的最大吸收波长(λ_{max})相对于 PBDTTBT 的 λ_{max} 红移了大约 100 nm,这是由于 PBDTTTP 和

PBDTTTO 比 PBDTTBT 有更大的 π 键体系,使能级间距缩小,致使 PBDTTTP 和 PBDTTTO 的电子光谱产生上述变化。另外,PBDTTTP 和 PBDTTTO 的最低激发能(E_{min}^{ex})(分别为 1.76 eV 和 1.73 eV)明显小于 PBDTTBT 的 E_{min}^{ex}(2.04 eV)。因此,对吸收光谱的范围、各激发态的激发能和各激发态的电荷转移情况进行研究表明:相对于 PBDTTBT,聚合物 PBDTTTP 和 PBDTTTO 更容易捕获光量子而发生电子跃迁,从而有利于获得大的短路电流。对于 PBDTTTPD 和 PBDTTFPD,它们的各个激发态都有明显的电子转移发生,然而,相对于 PBDTTBT、PBDTTTP、PBDTTTO 的吸收光谱,PBDTTTPD(450~550 nm)和 PBDTTFPD(300~600 nm)的吸收光谱范围较窄,λ_{max} 的电子跃迁属于 HOMO-1 到 LUMO 的跃迁,且其 E_{min}^{ex} 值(PBDTTTPD:2.30 eV,PBDTTFPD:2.26 eV)大于 PBDTTBT 的 E_{min}^{ex} 值,因此,PBDTTTPD 和 PBDTTFPD 在可见区内较窄的吸收带和较大的激发能不利于获得大的短路电流。图 4.6 给出了各个激发态的信息,从图 4.6 中可以看出,PBDTTBT 400 nm 以后的激发态发生了明显的电子转移,且长波方向(607 nm)的电子跃迁属于从 HOMO 到 LUMO 的 π→π* 跃迁,主要是从供体 BDT 到受体 TBT,这有效地降低了电子的跃迁能。以上研究表明,PBDTTBT 具有较强的捕获光量子能力。其他的激发态也出现了类似的情况。

如表 4.5 所示,与 PBDTTBT 类似,4 种设计的聚合物的 K_{CT} 也明显大于 K_{CR},而且 PBDTTTPD 和 PBDTTFPD 的 K_{CR}/K_{CT} 值($4.87×10^5$、$3.08×10^6$)明显大于 PBDTTBT 的 K_{CT}/K_{CR} 值($2.60×10^5$)。这 4 种设计的聚合物有效的激子分离能力,减少了空穴/电子的损失,从而有利于形成较大的 J_{sc}。

在与 PBDTTBT 相同的计算水平上,我们计算了 4 种设计的聚合物的空穴重组能(λ)、交换积分(t)和空穴传输速率(K),并将其列于表 4.6。从表 4.6 可以看出,相对于 PBDTTBT,设计的聚合物具有大的空穴重组能 λ,这是由于设计的聚合物在失去电子的过程中,振动结构的改变具有更大的能垒。然而,PBDTTTP 和 PBDTTTO 却具有更强的电子耦合,从而导致 PBDTTTP 和 PBDTTTO 具有比 PBDTTBT 更大的电子转移积分。最终的结果是,PBDTTTP 和 PBDTTTO 因为具有相对较大的转移积分而产生了比 PBDTTBT 更大的 K,尤其是 PBDTTTO,其 K 值为 $8.41×10^{11}$ S^{-1}。而 PBDTTTPD 和 PBDTTFPD 因为其较大的 λ 和较小的 t 产生了相对 PBDTTBT 较小的 K。图 4.7 中的 PDOS 图表明,4 种设计的聚合物中也存在供体-受体式的结合方式,且它们具有相同的供体 BDT,因此,PBDTTTTP 和 PBDTTTO 有较好的电荷传输性质,主要与 TTP 和 TTO 的强烈的吸电子能力有关。以上聚合物的空穴传输速率研究表明,相对于 PBDTTBT,聚合物 PBDTTTP 和 PBDTTTO 具有较大的 K,这明显地改善了聚合物的空穴传输性质,从而有利于形成较大的 J_{sc}。

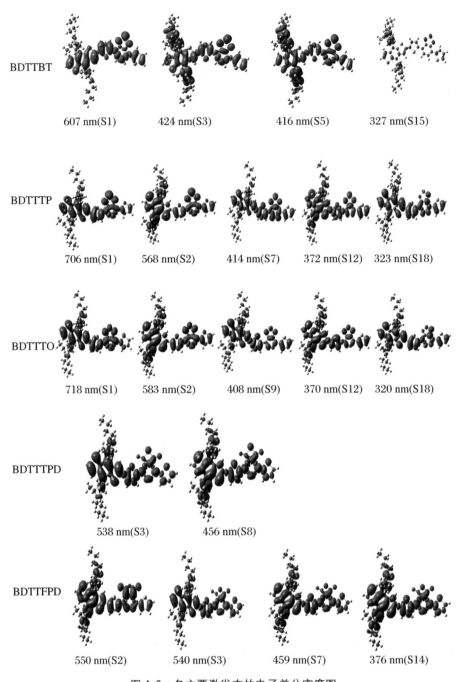

BDTTBT

607 nm(S1)   424 nm(S3)   416 nm(S5)   327 nm(S15)

BDTTTP

706 nm(S1)   568 nm(S2)   414 nm(S7)   372 nm(S12)   323 nm(S18)

BDTTTO

718 nm(S1)   583 nm(S2)   408 nm(S9)   370 nm(S12)   320 nm(S18)

BDTTTPD

538 nm(S3)   456 nm(S8)

BDTTFPD

550 nm(S2)   540 nm(S3)   459 nm(S7)   376 nm(S14)

图 4.6   各主要激发态的电子差分密度图

注:深灰色代表电子密度降低的区域,浅灰色代表电子密度增大的区域。

　　与 PBDTTBT 相比,4 种设计的聚合物均具有良好的结构和性质稳定性、更强的供/受体界面激子分离能力以及更大的开路电压。尽管如此,只有其中的 PBDTTTP 和 PBDTTTO 具有比 PBDTTBT 更大的空穴传输速率,而且,空穴传输速率是决定短路电流大小的重要因素。因此,PBDTTTP 和 PBDTTTO 在理论上具有比 PBDTTBT 更好的光伏性能,所以,PBDTTTP 和 PBDTTTO 是潜在的光伏材料。

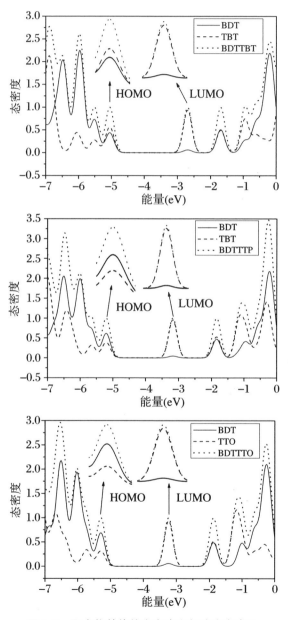

图 4.7　聚合物单体的态密度和部分态密度图

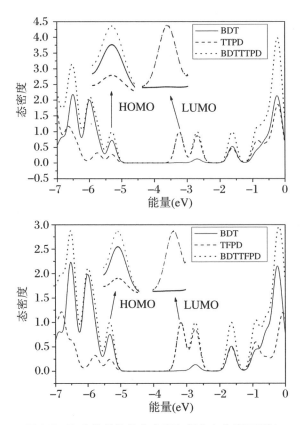

图 4.7　聚合物单体的态密度和部分态密度图(续)

　　本章通过周期边界条件-密度泛函方法研究了苯并二噻吩衍生物 PBDTTBT/PC$_{70}$BM 的光伏性能。研究表明,PBDTTBT 具有良好的性质稳定性的捕获光量子能力、较大的开路电压和电荷传输性质(0.22 cm^2/(V·S))、以及较强的供/受体界面激子分离能力,这些表明 PBDTTBT/PC$_{70}$BM 具有优良的光伏性能,这与实验检测的结果一致。此外,根据 PBDTTBT 的结构,设计了 4 种聚苯并二噻吩衍生物,并研究了它们的光伏性质。通过与 PBDTTBT 的比较表明,4 种聚合物均具有更好的结构和性质稳定性和供/受体界面激子分离能力以及更大的开路电压,并且,其中的 2 种聚合物 PBDTTTP 和 PBDTTTO 具有比 PBDTTBT 更大的空穴传输速率。因此,PBDTTTP 和 PBDTTTO 是潜在的有前景的光伏材料。

参 考 文 献

［1］ Huo L, Hou J H, Zhang S Q. et al. A polybenzo[1,2-b:4,5-b′]dithiophene derivative with deep HOMO level and its application in high-performance polymer solar cells[J]. Angew. Chem. Int. Ed., 2010, 49(8): 1500-1503.

［2］ Pan H, Li Y, Wu Y, et al. Low-temperature, solution-processed, high-mobility polymer semiconductors for thin-film transistors[J]. J. Am. Chem. Soc., 2007, 129(14), 4112-4113.

［3］ Hou J, Park M, Zhang S, et al. Bandgap and molecular energy level control of conjugated polymer photovoltaic materials based on benzo[1,2-b:4,5-b′]dithiophene[J]. Macromolecules, 2008, 41(16): 6012 − 6018.

［4］ Parr G, Yang W. Density-functional theory of atoms and molecules[M]. New York: Oxford University Press: 1989.

［5］ Becke A D. J. Chem. Phys. Density-functional thermochemistry. III. the role of exact exchange[J]. 1993, 98(7), 5648-5652.

［6］ Lee C, Yang W, Parr R G. Development of the Colle-Salvetti correlation-energy formula into a functional of the electron density[J]. Phys. Rev. B, 1988, 37(2): 785-789.

［7］ Zade S S, Bendikov M. From oligomers to polymer: convergence in the HOMO-LUMO gaps of conjugated oligomers[J]. Org. Lett., 2006, 8(23): 5243-5246.

［8］ Zade S S, Zamoshchik N, Bendikov M. From short conjugated oligomers to conjugated polymers. lessons from studies on long conjugated oligomers[J]. Acc. Chem. Res., 2011, 44(1): 14-24.

［9］ Patra A, Wijsboom Y H, Leitus G, et al. Synthesis, structure, and electropolymerization of 3, 4-dimethoxytellurophene: Comparison with selenium analogue[J]. Org. Lett., 2009, 11(7): 1487-1490.

［10］ Walker W, Veldman B, Chiechi R, et al. Visible and near-infrared absorbing, low band gap conjugated oligomers based on cyclopentadieneones, macromolecules[J]. 2008, 41(20), 7278-7280.

［11］ Bakhshi A K, Liegener C M, Ladik J, et al. Electronic states of poly(thiophene-isothianaphthene) superlattices[J]. Synth. Met. 1989, 30(1): 79-85.

［12］ Perdew J P. Electronic structure of solids[M]. Berlin: Akademie Verlag,1991.

［13］ Coropceanu V, Cornil J, da Silva Filho D A, et al. Charge transport in organic semiconductors[J]. Chem, Rev., 2007, 107(4), 926 − 952.

［14］ Schleyer P v R, Maerker C, Dransfeld A, et al. Nucleus-Independent chemical shifts: a

simple and efficient aromaticity probe[J]. J. Am. Chem. Soc., 1996, 118 (6):
6317-6318.

[15] Bader R F W. Atoms in molecules, a quantum Theory[C]//International Series of
Monographs in Chemistry. New York: Oxford University Press, 1990.

[16] Carpenter J E, Weinhold F. Analysis of the geometry of the hydroxymethyl radical by
the "different hybrids for different spins" natural bond orbital procedure[J]. J. Mol.
Struct. (THEOCHEM), 1988, 46: 41-62.

[17] Reed A E, Curtiss L A, Weinhold F. Intermolecular interactions from a natural bond
orbital, donor-acceptor viewpoint[J]. Chem. Rev, 1988, 88(6), 899-926.

[18] Foster J P, Weinhold F. Natural hybrid orbitals[J]. J. Am. Chem. Soc., 1980, 102
(24): 7211-7218.

[19] Reed A E, Weinstock R B, Weinhold F. Natural population analysis[J]. J. Chem.
Phys., 1985, 83(2): 735-746.

[20] Almlöf J, Taylor P R. Atomic natural orbital (ANO) basis sets for quantum chemical
calculations[J]. Adv. Quantum Chem., 1991, 22:301-373.

[21] Gorelsky S I, Lever A B P. Electronic structure and spectra of ruthenium diimine com-
plexes by Density Functional Theory and INDO/S. Comparison of the two methods[J].
J. Organomet. Chem., 2001, 635(1-2): 187-196.

[22] Alspach D L, Sorenson H W. Nonlinear Bayesian estimation using gaussian sum approx-
imations[J]. IEEE Transactions on Automatic Control, 1972, 17(4):439-448.

[23] Marcus R A. The theory of oxidation-reduction reactions involving electron transfer[J].
I., J. Chem. Phys., 1956, 24: 966-978.

[24] Marcus R A. Electron transfer reactions in chemistry. Theory and experiment[J]. Rev.
Mod. Phys., 1993, 65(3, Pt. 1): 599-610.

[25] Shen W, Li M, Zhang J, et al. The electronic and structural properties of nonclassical
bicyclic thiophene: Monomer, oligomer and polymer[J]. Polymer, 2007, 48 (13):
3912-3918.

[26] Xie X, Shen W, Fu Y, et al. DFT study of conductive properties of three polymers
formed by bicyclic furans[J]. Mol. Simulat., 2010, 36(11): 836-846.

[27] Zheng W X, Wong N B, Wang W Z, et al. Theoretical study of 1,3,4,6,7,9,9b-hep-
taazaphenalene and its ten derivatives[J]. J. Phys. Chem. A, 2004, 108(1): 97-106.

[28] Sista P, Nguyen H, Murphy J W, et al. Synthesis and electronic properties of semicon-
ducting polymers containing benzodithiophene with alkyl phenylethynyl substituents[J].
Macromolecules 2010, 43(19): 8063-8070.

[29] Scharber M C, Muehlbacher D, Koppe M,et al. Design rules for donors in bulk-hetero-
junction solar cells-towards 10% energy-conversion efficiency[J]. Adv. Mater., 2006,
18(6): 789-794.

[30] Mihailetchi V D, Blom P W M, Hummelen J C, et al. Cathode dependence of the open-

circuit voltage of polymer: fullerene bulk heterojunction solar cells[J]. Appl. Phys.,
2003, 94(10): 6849-6854.

[31]　Bauschlicher C W Jr, Lawson J W. Current-voltage curves for molecular junctions.
Effect of substituents[J]. Phys. Rev. B, 2007, 75(11): 115406/1-115406/6.

[32]　Bredas J L, Beljonne D, Coropceanu V, et al. Charge-transfer and energy-transfer
processes in π-conjugated oligomers and polymers: A molecular picture[J]. Chem. Rev.
2004, 104(11): 4971-5003.

[33]　Tomasi J, Mennucci B, Cammi R. Quantum mechanical continuum solvation models[J].
Chem. Rev., 2005, 105(8): 2999-3093.

[34]　Halls J J M, Cornil J, dos Santos D A, et al. Charge-and energy-transfer processes at
polymer/polymer interfaces: a joint experimental and theoretical study[J]. Phys. Rev.
B, 1999, 60(8): 5721-5727.

[35]　Brabec C J, Winder C, Sariciftci N S, et al. A low-bandgap semiconducting polymer for
photovoltaic devices and infrared emitting diodes[J]. Adv. Funct. Mater., 2002, 12
(10):709-712.

[36]　Kavamos G, Turro N. Photosensitization by reversible electron transfer: Theories, ex-
perimental evidence, and examples[J]. Chem. Rev., 1986, 86(2):401-449.

[37]　Coropceanu Yi Y, Brédas J. Exciton-dissociation and charge-recombination processes in
pentacene/C60 solar cells: Theoretical insight into the impact of interface geometry[J].
J. Am. Chem. Soc., 2009, 131(43): 15777-15783.

[38]　Bisquert J. Interpretation of electron diffusion coefficient in organic and inorganic semi-
conductors with broad distributions of states[J]. Phys. Chem. Chem. Phys., 2008, 10
(22): 3175-3194.

[39]　Deng W Q, Goddard W A. Predictions of hole mobilities in oligoacene organic semicon-
ductors from quantum mechanical calculations[J]. J. Phys. Chem. B, 2004, 108(25):
8614-8621.

[40]　Kuo M Y, Chen H Y, Chao I. Cyanation: providing a three-in-one advantage for the
design of n-type organic field-effect transistors[J]. Chem.-Eur. J., 2007, 13(17):
4750-4758.

第 5 章　基于碳基苯并二噻吩/哒嗪衍生物的能源性能构效关系

5.1　引　　言

在过去的几年里,研究者发现,一些基于苯并二噻吩单元的聚合物供体材料[1-3]可以代替能隙较大的 MDMO-PPV(poly[2-methoxy-5-(3',7'-dimethyloxy)-p-phenylenevinylene])[4-5]和 P3HT(poly(3-hexylthiophene))。[6-8]另外,一些基于哒嗪的聚合物因为具有较好的吸电子能力而被广泛应用于光伏领域。[9]目前,我们还没有查到有关苯并二噻吩与哒嗪衍生物的共聚物作为光伏材料的研究。因此,本书以苯并二噻吩(benzo(1,2-b:4,5-b')dithiophene(B))为供体,4 种哒嗪的衍生物:[1,2,5]thiadiazolo[3,4-d]pyridazine(TP)、[1,2,5]oxadiazolo[3,4-d]pyridazine(OP)、thieno[3,4-d]pyridazine-5,7-dione(TPD)和 furo[3,4-d]pyridazine-5,7-dione(FPD)作为受体,设计了 4 种共聚物 PBTP、PBOP、PBTPD 和 PBFPD。这里,烷氧基不仅能够灵活地调节聚合物的带隙,还能够改善其可加工性。以上设计的聚合物分别作为供体(D),而 PC61BM([6,6]-phenyl-C_{61}-butyric acid methyl ester)作为受体(A),我们通过密度泛函理论研究了聚合物/PC61BM 的开路电压以及聚合物的带隙、低聚体的吸收光谱、聚合物的空穴传输速率等影响短路电流的主要因素。此外,我们还研究了 4 种聚合物的结构与性质稳定性。

5.2　研　究　方　法

书中用 Becke 三参数非局域交换泛函和 Lee-Yang-Parr 的非局域相关泛函(B3LYP)[10-11]研究优化的单体和低聚物的电子结构,全部的计算都采用中等基组

6-31G* 计算。[12]所有优化的结构都没有虚频,可以认为所有优化的结构都是势能面上的局域最小值,是一个稳定结构。周期边界条件-密度泛函方法(PBC-DFT)被认为是一种可以信赖的计算方法,因此,书中采用 PBC 方法[13]在 B3LYP/6-31G(d)水平下计算了聚合物的前线轨道能量和带隙。所有的计算由 Gaussian03 程序完成。[14]基于优化好单体及低聚体的结构,我们在 B3LYP/6-31G(d)水平上对其进行了电子密度拓扑分析和无核化学位移(NICS)[15]计算。拓扑分析由分子中的原子(AIM)[16]计算得到。NICS 用来分析单环体系的芳香性、反芳香性、或者非芳香性。[17]在本书中,NICS 被定义为在成环临界点(RCP)的磁屏蔽系数的负值,而RCP 由 AIM 计算得到。此外,用自然键轨道理论(NBO)[18-21]NBO5.0[22]程序包对反应中的成键特征进行了计算和分析。通过 GaussSum 1.0[23-24]程序,模拟了态密度(DOS)和投影态密度(PDOS)图。另外,书中采用 Marcus 理论[25-26]在B3LYP/6-31G(d)水平上计算了共聚物分子的空穴传输速率(K),其中的电荷转移积分采用孤立轨道法计算。

5.3　结果与讨论

各个聚合物的聚合方式及其结构参数列于图5.1。

5.3.1　聚合物的稳定性

结构稳定性是性质稳定性的前提条件。下面通过分析聚合物的共轭性来研究其稳定性。在共轭体系中,电子离域至整个分子,从而导致单独的环流降低。因此,我们可以通过分析分子的局域环流情况来研究其共轭性。环中心的 NICS 值可以明确且简单地表征环流情况,具有负的 NICS 值的体系应该具有较强的芳香性,具有正的 NICS 值的体系应该具有反芳香性,而非芳香性的体系的 NICS 值应该接近于零。[27-28]计算的单体和低聚体的负 NICS 值被列于表5.1,相应的环的位置列于图5.1。从表5.1可以看出,所有单体和低聚体都是芳香性的,且随着聚合度的增加,同一个环的 NICS 值增大(更正),即环流降低,这表明:随着聚合度的增加,各个单独环的电子密度降低,而整个分子的共轭性增强,设计的聚合物将具有比其低聚体更好的共轭性。

表 5.1　聚合物单体和低聚聚体成环临界点（RCP）的负 NICS 值

		a1	b1	a2	c1	d1	a11	b11	a22	c11	d11	a111	b111	a222	c111	d111
BTP	Mo	10.8	11.8	9.3	2.4	16.1										
	Di	10.8	11.6	9.2	1.3	15.6	8.6	10.6	9.1	2.4	16.1					
	Tri	10.8	11.6	9.2	1.2	15.5	8.5	10.4	8.9	1.3	15.5	8.6	10.6	8.9	2.2	16.2
BOP	Mo	10.8	11.7	9.4	2.6	15.5										
	Di	10.8	11.5	9.3	1.7	14.8	8.7	10.6	9.2	2.7	15.6					
	Tri	10.8	11.5	9.3	1.6	14.8	8.6	10.4	9.0	1.7	14.9	8.7	10.5	9.1	2.6	15.6
BTPD	Mo	10.8	12.2	10.2	4.6	-0.5										
	Di	10.9	11.7	9.5	4.1	-0.3	9.0	11.1	10.0	4.7	-0.5					
	Tri	10.8	11.7	9.5	4.2	-0.3	8.9	10.6	9.3	4.2	-0.4	9.1	11.0	9.7	4.7	-0.6
BFPD	Mo	10.8	12.0	9.9	4.4	-0.4										
	Di	10.8	11.9	9.8	3.1	-0.3	8.9	10.9	9.6	4.4	-0.4					
	Tri	10.9	11.9	9.9	3.2	-0.3	8.9	10.9	9.6	3.3	-0.3	8.9	10.9	9.5	4.6	-0.6

注：Mo，Di，Tri 分别代表单体，二聚体，三聚体。

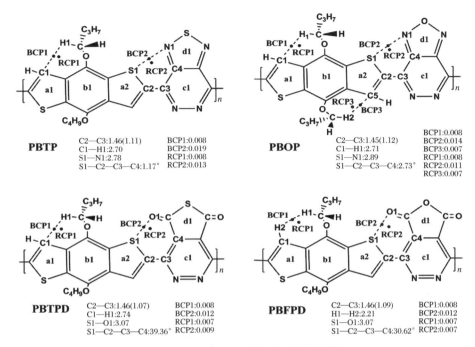

PBTP
C2—C3:1.46(1.11)
C1—H1:2.70
S1—N1:2.78
S1—C2—C3—C4:1.17°

BCP1:0.008
BCP2:0.019
RCP1:0.008
RCP2:0.013

PBOP
C2—C3:1.45(1.12)
C1—H1:2.71
S1—N1:2.89
S1—C2—C3—C4:2.73°

BCP1:0.008
BCP2:0.014
BCP3:0.007
RCP1:0.008
RCP2:0.011
RCP3:0.007

PBTPD
C2—C3:1.46(1.07)
C1—H1:2.74
S1—O1:3.07
S1—C2—C3—C4:39.36°

BCP1:0.008
BCP2:0.012
RCP1:0.007
RCP2:0.009

PBFPD
C2—C3:1.46(1.09)
H1—H2:2.21
S1—O1:3.07
S1—C2—C3—C4:30.62°

BCP1:0.008
BCP2:0.012
RCP1:0.007
RCP2:0.007

图 5.1　共聚物的聚合方式及结构参数

　　此外,作为桥梁连接供、受体的 π 共轭键也能够反映聚合物的共轭程度,此 π 共轭键被定义为中心键,如 C2—C3 键(图 5.1)。图 5.1 和表 5.2 中列出了所有聚合物的中心键的性质。各中心键的键长、Wiberg 键级(WBI)以及 C2 和 C3 原子的杂化类型均表明该键具有一定的 π 键特征。另外,表 5.2 中各聚合物的中心键成键临界点(BCP)的电荷密度 $\rho(r)$ 和拉普拉斯电荷密度$\nabla^2\rho(\gamma)$[29]表明:C2 和 C3 原子之间存在着开放作用,导致该键具有较强的电荷堆积,这从侧面反映了所有设计的聚合物具有良好的共轭性。图 5.2 中的前线分子轨道图表明,聚合物的电子云具有较好的离域性,且随着聚合度的增加,离域性增强。以上关于 PBTP、PBOP、PBTPD 和 PBFPD 的电子结构的研究表明,这些聚合物均具有良好的共轭性和结构稳定性。另外,图 5.1 中给出的分子的二面角表明,这些聚合物均具有较好的平面性,尤其是 PBTP 和 PBOP。

　　抗氧化性是共轭聚合物作为光伏材料的前提条件。聚合物的抗氧化能力主要与其 HOMO 的能量水平有关。聚合物的 HOMO 能量水平越高,其越容易失去电子,抗氧化能力越差,反之,抗氧化能力越好。我们在 B3LYP/6-31G(d)水平上计算了聚合物的前线分子轨道能量水平及其带隙值(图 5.3)。从图 5.3 的 HOMO 能量水平可以看出,PBTP、PBOP、PBTPD 和 PBFPD 具有比 P3HT 更强的抗氧化性,这是由于本书研究的聚合物具有更好的共轭性,从而使得它们的 HOMO 能量水平均低于相同计算水平下 P3HT 的 HOMO 值(-4.32 eV),而且其中的 PBOP、PBTPD 和 PBFPD 的 HOMO 值低于-5.27 eV(空气氧化阈值大约为 -5.27 eV)。[30]另外,为了考察聚合物的热稳定性,我们还计算了聚合物低聚体的中心键在基态和激发态下的解离能,分别定义为 BDE^g 和 BDE^e($S_1 \leftarrow S_0$ 的垂直激发),并将数据列于表 5.2。表 5.2 中的 BDE 值较大,且介于 C—C 键能 (347.7 kJ/mol)和 C=C 键能(615 kJ/mol)之间,从而使这些聚合物较难被解离。

表 5.2 聚合物中心键的成键临界点(BCP)的电荷密度 $\rho(\gamma)$、拉普拉斯电荷密度 $\nabla^2\rho(\gamma)$、成键轨道的杂化类型、键解离能、电子亲和势和电离势

聚合物	$\rho(r)$	$\nabla^2\rho(\gamma)$	杂化	BDE^g (kJ/mol)	BDE^e (kJ/mol)	E_A (eV)	I_P (eV)
PBTP	0.28	-0.71	$\pi_{C2-C3} = 0.7090C2 + 0.7052C3$	477.39	462.69	3.59	5.09
PBOP	0.28	-0.72	$\pi_{C2-C3} = 0.7087C2 + 0.7056C3$	478.67	457.84	3.78	5.32
PBTPD	0.28	-0.72	$\pi_{C2-C3} = 0.7087C2 + 0.7056C3$	486.32	461.33	3.51	5.40
PBFPD	0.28	-0.72	$\pi_{C2-C3} = 0.7083C2 + 0.7059C3$	497.59	476.58	3.47	5.46

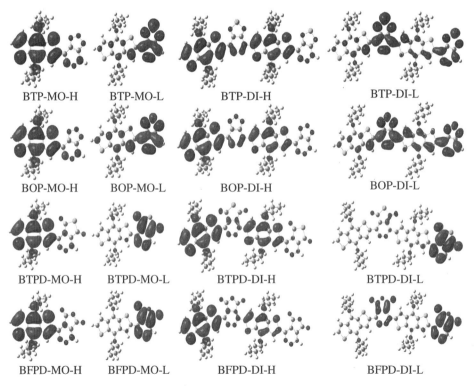

BTP-MO-H　　BTP-MO-L　　　　BTP-DI-H　　　　　BTP-DI-L

BOP-MO-H　　BOP-MO-L　　　　BOP-DI-H　　　　　BOP-DI-L

BTPD-MO-H　　BTPD-MO-L　　　BTPD-DI-H　　　　BTPD-DI-L

BFPD-MO-H　　BFPD-MO-L　　　BFPD-DI-H　　　　BFPD-DI-L

图 5.2　单体和二聚体的 HOMO(H)和 LUMO(L)轨道轮廓图

以上研究表明,这些聚合物具有良好的共轭性使其具有良好的结构稳定性,同时,良好的共轭性和平面性使得聚合物具有较低的 HOMO 能量水平,进而拥有较强的性质稳定性。

5.3.2　聚合物的开路电压

根据 HOMO^D-LUMO^A 能量抵消模型[31-33],我们在 B3LYP/6-31G(d)水平上计算了所研究聚合物的开路电压(V_∞),计算结果列于图 5.3。从图 5.3 可以看出,这些研究的聚合物的更低的 HOMO 能量水平导致其 V_∞ 值(0.49 V、0.72 V、0.80 V、0.86 V)明显高于相同计算水平上的 P3HT/PC61BM 的 V_∞ 值(-0.18 V),因此,设计的聚合物的实验 V_∞ 值有可能高于 0.6 V(P3HT/PC61BM 的实验开路电压值)。造成以上结果的原因是:PBTP、PBOP、PBTPD 和 PBFPD 较低的 HOMO 能量水平,导致聚合物/PCBM 之间的能级间隙变大,从而产生较大的开路电压。

5.3.3　聚合物短路电流的主要影响因素的研究

聚合物捕获光量子的能力是其短路电流大小的重要影响因素,而聚合物较好的捕获光量子的能力要求其具有较窄的带隙(1.3～1.9 eV)及在可见光区具有较宽的吸收带。

从图 5.3 的聚合物的带隙可以看出,本书所研究的聚合物的带隙值(1.50 eV、1.53 eV、1.90 eV、1.99 eV)均低于相同计算水平下 P3HT 的带隙值(2.02 eV),因此,相对于 P3HT,这些设计的聚合物将具有较小的电子激发能。此外,图 5.4 给出了聚合物单体至四聚体的吸收光谱,表 5.3 中给出了各吸收光谱的详细信息,如最大吸收波长(λ)、振子强度(f)、激发能(E^{ex})、跃迁方式及组态系数等。通过图 5.4 和表 5.3 可以看出,单体和低聚体在可见光区均有吸收,且这些聚合物从单体至四聚体,吸收光谱发生了红移,激发能降低,增大了电子的跃迁几率。因此,从聚合物的带隙和吸收光谱的研究表明,这些聚合物具有较好地捕获光量子的能力。聚合物较小的带隙源于其较好的 π 键体系,从而使能级间距缩小。

从图 5.3 可以看出,所有研究的聚合物都满足激子分离的基本条件,即供体的 HOMO 和 LUMO 能级分别高于受体的 HOMO 和 LUMO 能级,而且,LUMO^D-LUMO^A(L-L)和 HOMO^D-HOMO^A(H-H)之间的能差大于 0.3～0.5 eV。[34-35]另外,从表 5.2 中的电离势(I_P,由负的 HOMO 值估算)可以看出,相对于 PC61BM 的 I_P 值(6.0 eV),设计的 4 种聚合物的 I_P 值较小,这反映出供体聚合物更容易注入空穴。同时,表 5.2 中的电子亲和势(E_A,由负的 LUMO 值估算)表明,相对于 PC61BM 的 E_A 值(4.3 eV),这 4 种聚合物的 E_A 值较小。因此,相对于设计的 4

种聚合物,PC61BM 更容易注入电子,这有利于电子-空穴对在聚合物/PC61BM 界面进行有效的分离。以上聚合物的前线分子轨道水平和载流子的注入能力的研究表明,设计的聚合物满足激子分离的基本条件。

表 5.3 TD-B3LYP/6-31G(d)方法获得了单体和低聚体的电子激发态、
激发能、吸收波长、振子强度、电子跃迁及主要跃迁成分

	低聚体	λ(nm)	f	E^{ex}(eV)	主要组态
BTP	Mo	474	0.20	2.61	$H-1{\rightarrow}L(97\%)$
	Di	829	0.59	1.50	$H{\rightarrow}L(94\%)$
	Tri	899	1.25	1.38	$H{\rightarrow}L(91\%)$
	Te	944	1.88	1.31	$H{\rightarrow}L(86\%)$
BOP	Mo	454	0.28	2.73	$H-1{\rightarrow}L(96\%)$
	Di	547	0.81	2.27	$H-2{\rightarrow}L(94\%)$
	Tri	872	1.39	1.42	$H{\rightarrow}L(88\%)$
	Te	917	2.12	1.35	$H{\rightarrow}L(78\%)$ $H-1{\rightarrow}L(13\%)$
BTPD	Mo	370	0.48	3.35	$H-1{\rightarrow}L+1(95\%)$
	Di	451	0.78	2.75	$H-2{\rightarrow}L+2(82\%)$
	Tri	668	0.95	1.86	$H{\rightarrow}L+3(74\%)$ $H-1{\rightarrow}L+3(-10\%)$
	Te	689	0.72	1.80	$H{\rightarrow}L+4(39\%)H-1{\rightarrow}$ $L(15\%)H-1{\rightarrow}L+4(12\%)$
BFPD	Mo	365	0.51	3.40	$H-1{\rightarrow}L+1(92\%)$
	Di	446	1.2	2.78	$H-2{\rightarrow}L+2(72\%)$ $H-3{\rightarrow}L+1(-19\%)$
	Tri	664	0.95	1.87	$H{\rightarrow}L+3(70\%)$
	Te	698	0.77	1.78	$H{\rightarrow}L(-25\%)H{\rightarrow}L+4(28\%)$ $H{\rightarrow}L+1(15\%)$

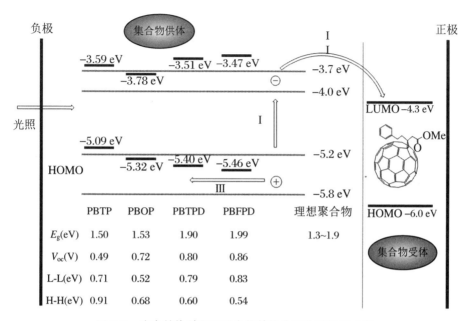

	PBTP	PBOP	PBTPD	PBFPD	理想聚合物
E_g(eV)	1.50	1.53	1.90	1.99	1.3~1.9
V_{oc}(V)	0.49	0.72	0.80	0.86	
L-L(eV)	0.71	0.52	0.79	0.83	
H-H(eV)	0.91	0.68	0.60	0.54	

图 5.3 光电转换过程及聚合物前线分子轨道能量水平

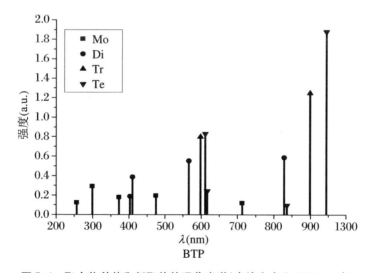

图 5.4 聚合物单体和低聚体的吸收光谱(半峰全宽为 3000 cm^{-1})

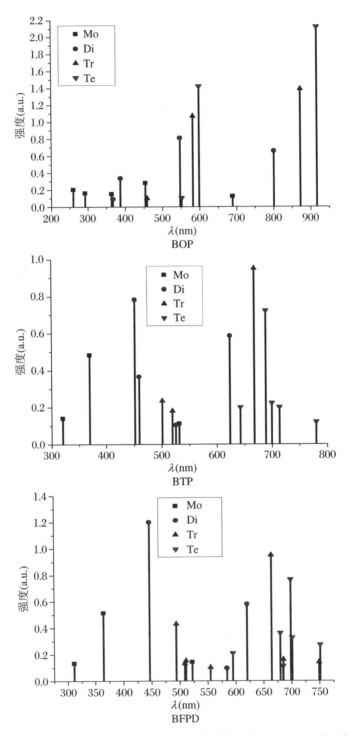

图 5.4　聚合物单体和低聚体的吸收光谱(半峰全宽为 3000 cm⁻¹)(续)

此外,本书计算了 4 种聚合物的空穴迁移率(μ)以及其相关的参数,如分子内空穴重组能(λ)、交换积分(t)、及空穴传输速率(K),相应的数据列于表 5.4。从表 5.4 可以看出,4 种设计的聚合物均具有较好的空穴迁移率(μ 值均大于 0.1 cm²/(V·S)),因此,若在相似形貌的情况下,这些设计的聚合物将具有较好的短路电流。尤其是聚合物 PBTP 和 PBOP,它们的 μ 值(0.35 cm²/(V·S) 和 0.33 cm²/(V·S))明显高于 PBTPD 和 PBFPD 的 μ 值(0.17 cm²/(V·S) 和 0.18 cm²/(V·S))。因此,在相同的形貌下,PBTP 和 PBOP 将具有比 PBTPD 和 PBFPD 更大的短路电流。导致 μ 值不同的主要原因在于 μ 的两个重要参数 λ 和 t,当电荷在两个相同片段中转移时,μ 与 λ 成反比,与 t 成正比。相对于 PBTPD 和 PBFPD,PBTP 和 PBOP 具有较小的 λ 值(PBTP:0.67 eV、PBOP:0.68 eV、PBTPD:0.73 eV、PBFPD:0.73 eV)和较大的 t 值(PBTP:0.19 eV、PBOP:0.20 eV、PBTPD:0.18 eV、PBFPD:0.19 eV),这是由于 PBTP 和 PBOP 在失去电子的过程中构型的改变只需要跃过较小的势垒,且具有较强的电子耦合。

此外,图 5.5 中的单体的态密度(DOS)和投影态密度(PDOS)图表明,4 种聚合物中都存在明显的供体-受体的结合方式,这种结合方式导致分子内存在推-拉式的相互作用,增强了共聚物中的电荷转移速率。4 种聚合物中均具有较强的捕获光量子能力,较好的界面激子分离能力和电荷传输速率,这将使得四种聚合物具有较大的短路电流,尤其是聚合物 PBTP 和 PBOP。

通过研究 4 种共聚物的开路电压和短路电流等影响光伏性能的因素,研究表明,本书设计的 4 种聚合物是潜在的具有良好光伏性能的材料,尤其是聚合物 PBTP 和 PBOP。

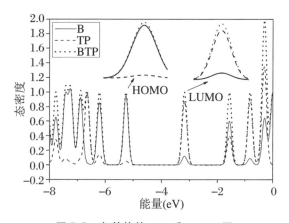

图 5.5　各单体的 DOS 和 PDOS 图

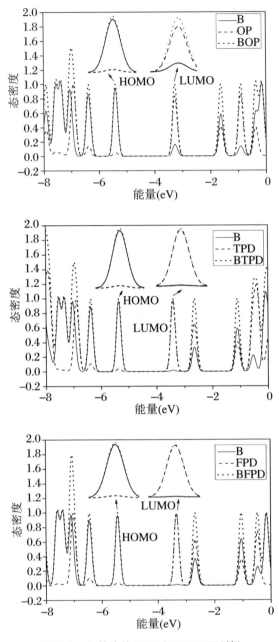

图 5.5　各单体的 DOS 和 PDOS 图 (续)

表 5.4　总空穴重组能(λ)、交换积分(t)、空穴传输速率(K)和空穴迁移率(μ)

二聚体	λ(eV)	t(eV)	K_{CT}(S^{-1})	μ(cm^2/(V·S))
PBTP	0.67	0.19	1.09×10^{12}	0.35
PBOP	0.68	0.20	1.04×10^{12}	0.33
PBTPD	0.73	0.18	5.41×10^{11}	0.17
PBFPD	0.73	0.19	5.75×10^{11}	0.18

本章通过周期边界条件-密度泛函方法研究了 4 种哒嗪衍生物 PBTP、PBOP、PBTPD 和 PBFPD 的光伏性能。研究表明,4 种共聚物具有良好的共轭性、平面性、较强的电子耦合和电荷转移势垒,这些本质原因导致 4 种聚合物具有良好的性质稳定性、较强的捕获光量子能力、较大的开路电压和电荷传输性质和较好的供/受体界面激子分离能力,这些表明,本书设计的聚合物具有优良的光伏性能,是潜在的具有良好光伏性能的材料,尤其是聚合物 PBTP 和 PBOP。

参 考 文 献

[1] Liang Y Y, Yu L. A new class of semiconducting polymers for bulk heterojunction solar cells with exceptionally high performance[J]. Acc. Chem. Res., 2010, 43(9): 1227-1236.

[2] Huang H, Youn J, Ortiz R P, et al. Very large silacylic substituent effects on response in silole-based polymer transistors[J]. Chem. Mater., 2011, 23(8): 2185-2200.

[3] Huo L, Guo X, Zhang S, Li Y, Hou J. PBDTTTZ: a broad band gap conjugated polymer with high photovoltaic performance in polymer solar cells[J]. Macromolecules, 2011, 44(11): 4035-4037.

[4] Wienk M, Wiljan J M K, Verhees J H. et al. Efficient methano[70]fullerene/MDMO-PPV bulk heterojunction photovoltaic cells[J]. Angew. Chem. Int. Ed., 2003, 42(29): 3371-3375.

[5] Shaheen S E, Brabec C J, Sariciftci N S. et al. 2.5% efficient organic plastic solar cells[J]. Appl. Phys. Lett., 2001, 78(6): 841-843.

[6] Ma W, Yang C, Gong X. et al. Thermally stable efficient polymer solar cells with nanoscale control of the interpenetrating network morphology[J]. Adv. Funct. Mater., 2005, 15(10): 1617-1622.

[7] Reyes-Reyes M, Kim K, Carroll D L. High-Efficiency photovoltaic devices based on an-

nealed poly(3-hexylthiophene) and 1-(3-methoxycarbonyl)-propyl-1-phenyl-(6,6)C61 blends[J]. Appl. Phys. Lett., 2005, 87(8): 083506/1-083506/3.

[8] Li G, Shrotriya V, Huang J, et al. High-Efficiency solution processable polymer photovoltaic cells by self-organization of polymer blends[J]. Nat. Mater., 2005, 4(11): 864-868.

[9] Gendron D, Morin P O, Najari A, et al. Synthesis of new pyridazine-based monomers and related polymers for photovoltaic applications[J]. Macromol. Rapid Commun., 2010, 31(12): 1090-1094.

[10] Parr G, Yang W. Density-functional theory of atoms and molecules[M]. New York: Oxford University Press, 1989.

[11] Becke A D. Density-functional thermochemistry. III. the role of exact exchange[J]. J. Chem. Phys. 1993, 98(7): 5648-5652.

[12] Ditchfield R, Hehre W J, Pople J A. Self-Consistent molecular-orbital methods. IX. extended gaussian-type basis for molecular-orbital studies of organic molecules[J]. J. Chem. Phys., 1971, 54(2): 724-728.

[13] Fripiat J G, Flamant I, Harris F E, et al. Computational aspects of polymer band structure calculations by the Fourier space restricted Hartree-Fock method[J]. Int. J. Quantum Chem. 2000, 80(4/5): 856-862.

[14] Coropceanu V, Cornil J, da Silva Filho D A, et al. Charge transport in organic semiconductors[J]. Chem, Rev., 2007, 107(4), 926-952.

[15] Schleyer P v R, Maerker C, Dransfeld A, et al. Nucleus-independent chemical shifts: a simple and efficient aromaticity probe[J]. J. Am. Chem. Soc., 1996, 118(6): 6317-6318.

[16] Lee C, Yang W, Parr R G. Development of the Colle-Salvetti correlation-energy formula into a functional of the electron density[J]. Phys. Rev. B, 1988, 37(2): 785-789.

[17] Bader R F W. Atoms in molecules, a quantum theory; international series of monographs in chemistry[M]. Oxford: Oxford University Press, 1990.

[18] Carpenter J E, Weinhold F. Analysis of the geometry of the hydroxymethyl radical by the "different hybrids for different spins" natural bond orbital procedure[J]. J. Mol. Struct. (THEOCHEM), 1988, 46: 41-62.

[19] Reed A E, Curtiss L A, Weinhold F. intermolecular Interactions from a natural bond orbital, donor-acceptor viewpoint[J]. Chem. Rev, 1988, 88(6): 899-926.

[20] Foster J P, Weinhold F. Natural hybrid orbitals[J]. J. Am. Chem. Soc., 1980, 102(24): 7211-7218.

[21] Reed A E, Weinstock R B, Weinhold F. Natural population analysis[J]. J. Chem. Phys., 1985, 83(2): 735-746.

[22] Almlöf J, Taylor P R. Atomic natural orbital (ANO) basis sets for quantum chemical calculations[J]. Adv. Quantum Chem. , 1991, 22:301-373.

[23] Gorelsky S I, Lever A B P. Electronic structure and spectra of ruthenium diimine complexes by Density Functional Theory and INDO/S. Comparison of the two Methods[J]. J. Organomet. Chem. , 2001, 635(1-2): 187-196.

[24] Alspach D L, Sorenson H W. Nonlinear Bayesian estimation using Gaussian sum approximations[J]. IEEE Transactions on Automatic Control,1972,17(4):439-448.

[25] Marcus R A, The theory of oxidation-reduction reactions involving electron transfer[J]. I. , J. Chem. Phys. , 1956, 24: 966-978.

[26] Marcus R A. Electron Transfer Reactions in Chemistry. Theory and experiment[J]. Rev. Mod. Phys. , 1993, 65(3, Pt. 1): 599-610.

[27] Schleyer P V R, Jiao H, van Eikema Hommes N J R, et al. An evaluation of the aromaticity of inorganic rings: refined evidence from magnetic properties[J]. J. Am. Chem. Soc. , 1997, 119(51): 12669-12670.

[28] Schleyer P V R, Jiao H. What is aromaticity? [J]. Pure. Appl. Chem. , 1996, 68(2): 209-218.

[29] Zheng W X, Wong N B, Wang W Z, et al. Theoretical study of 1,3,4,6,7,9,9b-heptaazaphenalene and its ten derivatives[J]. J. Phys. Chem. A, 2004, 108(1): 97-106.

[30] Sista P, Nguyen H, Murphy J W, et al. Synthesis and electronic properties of semiconducting polymers containing benzodithiophene with alkyl phenylethynyl substituents[J]. Macromolecules 2010, 43(19): 8063-8070.

[31] Scharber M C, Muehlbacher D, Koppe M, et al. Design rules for donors in bulk-heterojunction solar cells-towards 10% energy-conversion efficiency[J]. Adv. Mater. , 2006, 18(6): 789-794.

[32] Mihailetchi V D, Blom P W M, Hummelen J C, et al. Cathode dependence of the open-circuit voltage of polymer: fullerene bulk heterojunction solar cells[J]. Appl. Phys. , 2003, 94(10): 6849-6854.

[33] Bauschlicher C W Jr, Lawson J W. Current-Voltage curves for molecular junctions. effect of Substituents[J]. Phys. Rev. B, 2007, 75(11): 115406/1-115406/6.

[34] Halls J J M, Cornil J, dos Santos D A, et al. Charge and energy-transfer processes at Polymer/polymer interfaces: a joint experimental and theoretical study[J]. Phys. Rev. B, 1999, 60(8): 5721-5727.

[35] Brabec C J, Winder C, Sariciftci N S, et al. A low-bandgap semiconducting polymer for photovoltaic devices and infrared emitting diodes[J]. Adv. Funct. Mater. , 2002: 12 (10):709-712.

第6章 镍钴掺杂农业废弃物基生物炭的储钠性能研究

农业废弃物基生物炭已广泛应用于钠离子电池领域。本书采用第一性原理对比分析了掺杂 Ni 前后生物炭负极（SWCNT、N—NiCNT）的电子结构及储钠性能，揭示了 N—NiCNT 比 SWCNT 具有更好性能的内在原因。同时，本书并设计了钴掺杂生物炭（N—CoCNT）材料，并对其作为钠离子电池（SIB）负极的潜在性进行研究。所研究的性质涉及电子结构、前沿分子轨道、部分态密度和吸附势垒。结果表明，N—NiCNT 的 Na 转移势垒越小、空间越大、结构稳定性越稳定是其电化学性能越好的原因，这与实验结果一致。此外，由于 N 和 Co 之间的强相互作用，所设计的 N—CoCNT 阳极比 N—NiCNT 具有更好的稳定性和更小的势垒，是一种很有前途的阳极材料。

6.1 引　　言

对电源的日益增长的需求导致了储能装置的重要发展，锂离子电池是电子产品的主要动力系统，但锂资源的短缺制约了锂离子电池的大规模应用。[1-3]钠离子电池作为下一代大规模储能技术的理想选择之一，其因成本低、天然钠资源取之不尽、技术与锂离子电池相似等性质，近年来引起了广泛关注。[4-8]

通常，钠离子电池（SIBs）主要由正极、负极、电解质和集电器组成。[8-10]负极主要由碳基材料和非碳材料组成，后者主要由钛基材料、有机材料、合金材料、金属氧化物/硫化物组成。然而，钛基负极材料的容量相对较低，有机负极材料容易溶解在电解质中，合金负极在插入钠离子后易于体积膨胀，金属氧化物/硫化物易于团聚。[11-13]因此，上述不足限制了非碳负极的大规模应用。

碳基材料主要是指硬碳材料，由于其电势低、钠储存容量适中、体积膨胀小和优异的循环性能，所以是 SIBs 中阳极的优秀替代品。最近，对硬质碳的探索为 SIBs 利用碳基阳极开辟了途径。此外，合成不同的硬碳并优化其电化学性能也引起了人们的广泛关注。[14-16]目前,通常使用 2 种类型的前驱体:聚合物[17-18]和生物质材料,但由于成本高,这些前驱体并未被广泛用于制造。在这方面,生物质衍生的硬碳负极因其低成本、广泛的资源和稳定的电化学性能而受到更多关注。[19-20]2021 年,Chen 等人[22]合成了镍(Ni)和氮(N)掺杂的生物炭负极材料,其在 1200 mA/g 时,首次放电比容量达到 222.6 mAh/g,展现出的电化学性能明显优于未掺杂的生物炭负极材料。[21]根据我们的研究,大多数生物质衍生的硬碳都经过了改性,改性后的硬碳具有更好的电化学性能。[22-23]

Ni、N 是如何影响钠的嵌入/脱出性能呢? 为了理清上述实验结论,本书梳理了影响 SWCNT 和 N—NiCNT 电化学性能的本质原因,从分子和原子水平研究了 SWCNT 和 N—NiCNT 2 种生物炭负极的电子结构和储钠性质。此外,还设计并研究了一种新的生物炭负极结构 N—CoCNT,以预测其作为 SIB 阳极的潜力。在计算中,生物炭结构的边缘被氢原子饱和。

6.2　研　究　方　法

本书采用了 Materials Studio 软件包[24]的 Dmol3 模块,交换和相关能量函数由局域密度近似(LDA)的 Perdew Wang(PWC)函数处理。[25]模块中的 DND 基组用来描述原子轨道,以获取更加准确的轨道信息。优化过程中所有模型的设置值保持不变,在局部原子轨道的基础上,对全电子自旋不受限制的 Kohn-Sham 波函数进行了扩展。对于自洽场过程,采用了 10^{-5} a.u. 为能量和电子密度的收敛准则,并将 k 点设置为 $1\times1\times1$。此外,在达到最稳定收敛标准的结构的基态中加入 Na 原子,计算了总能量以及电子结构和性质。

文中,不同生物炭负极在吸附 Na 原子后的吸附能计算如下方程:

$$E_{ads} = E_{CNT+Na} - E_{CNT} - E_{Na} \tag{6.1}$$

这里,E_{CNT+Na} 是吸附 Na 后整个系统的总能量,E_{CNT} 是未吸附的 CNT(包括掺杂的生物炭)的总能量。Na 原子的总能量为 E_{Na}。

6.3 结果与讨论

6.3.1 生物炭结构

1. 生物炭结构性质

将锯齿形（8,0）碳管（SWCNT）模拟为生物炭结构，研究了添加 N、Ni、Co 原子的影响，如图 6.1 所示。图（a）是未掺杂的生物炭结构，图（b）是 N—Ni 掺杂的生物炭结构，其中键合的 N 和 Ni 原子分别取代一个碳原子，模拟设计的结构如图（c）所示。细胞参数分别设置为 $1 \times 1 \times 3$ 层和 $a = 20$ Å，$b = 20$ Å，$c = 25$ Å，$\alpha = \beta = \gamma = 90°$。所研究的生物炭的两个边缘被 H 原子饱和。

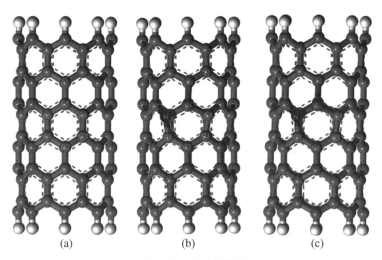

(a)　　　　　　　(b)　　　　　　　(c)

图 6.1　所研究生物炭的结构示意图

为了分析 N 和重金属对生物炭结构的掺杂效应，我们选择了包括 N 和重金属的六元环作为研究对象，相应地 C1—C2—C3—C4—C5—C6 、C1—C2—C3—C4—Ni—N 和 C1—C2—C30—C4—Co—N 等环如图 6.1 所示，相应的键长列于表 6.1。如表 6.1 中的数据所示，在 N 和重金属掺杂后，所有的 C1—C2 、C2—C3 、C3—C4 键长都变小了，这表明杂原子的引入改善了电子在整个六元环中的离域，并增强了六元环的共轭。

表 6.1　六元环各键的键长

（单位：Å）

CNTs	C1—C2	C2—C3	C3—C4	C4—C5	C5—C6	C4—Ni	Ni—N	C4—Co	Co—N
SWCNT	1.54	1.54	1.54	1.54	1.54	—	—	—	—
N—NiCNT	1.44	1.46	1.41	—	—	1.80	1.86	—	—
N—CoCNT	1.45	1.47	1.41	—	—	—	—	1.84	1.87

为了分析电子结构性质，我们研究了六元环的电荷密度。如图 6.2 所示，在嵌钠之前，掺杂了 N、Ni 的生物炭分子（N—NiCNT）上的 C1 电荷密度减少（SWCNT 为 0.002，N—NiCNTs 为 0.176），而 C4 上的电荷明显增加（SWCNT 为 0.004、N—NiNTs 为 −0.162），这分别源于 N 原子的强电负性和 Ni 原子的强失电子能力（0.379）。而 C2（对于 SWCNT 为 −0.001，对于 N—NiCNT 为 −0.47）和 C3（对于 SWNT 为 0.004，对于 N—NiCNT 为 0.002）上的电荷变化分别较小。

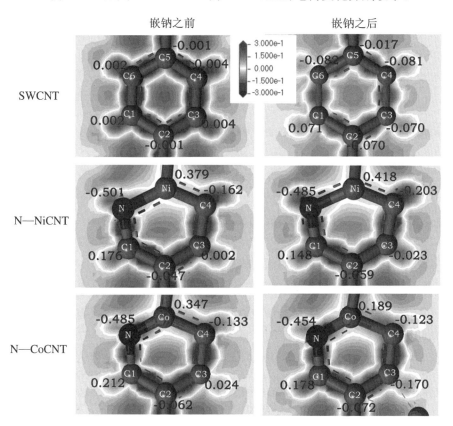

图 6.2　六元环的电荷密度图

在 SWCNT 和 N—NiCNT 嵌钠之后，六元环中碳原子的所有电荷都随之增加

（更负），这表明六元环与 Na 原子之间形成了强烈的相互作用。此外，本书设计的 N—CoCNT 中所选六元环的所有原子的电荷与 N—NiCNT 相似，因此，电子结构性质与 N—NiNT 相同。

总之，由于电子离域，N 和 Ni 的插入增强了结构稳定性，并且在生物炭和 Na 原子之间形成了强相互作用。此外，所设计的 N—CoCNT 具有与 N—NiCNT 相同的结构稳定性，并且可以与 Na 原子形成了强烈的相互作用。

2. 生物炭的前线轨道性质

前线轨道的性质影响了负极的储钠性能，前线轨道包括最高占据轨道（HOMO）和最低空轨道（LUMO）。一般来说，钠离子电池阳极的前线轨道水平应具有较小的能隙（E_g），这有利于电解质的选择和充放电过程中的电子转移。[26-27] 因此，前线轨道水平如图 6.3 所示。

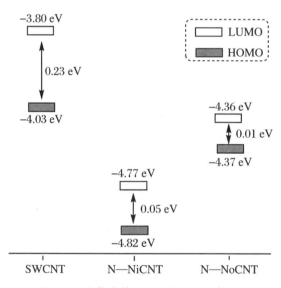

图 6.3　生物炭的 HOMO 和 LUMO 能级

通过对比图 6.3 中的前线轨道水平，我们发现 N 和 Ni 的掺杂有效降低了生物炭分子的能隙（SWCNT 为 0.23 eV，N—NiCNT 为 0.05 eV），因而不易引起电解质的氧化和电子的转移，从而有利于匹配电解质。更值得一提的是设计的分子 N—CoCNT，其拥有比 N—NiCNT 更窄的能隙，从而更容易选择电解液和电子的转移。

6.3.2　嵌钠后的生物炭结构

1. 结构分析

为了获得最稳定的嵌钠位置，本书计算了 4 种嵌钠生物炭结构，并定义了 T、

B、H 和 Hin 的 4 个嵌钠位点，如图 6.4 所示。这里，T 位点直接在管外壁的 C 原子上方（掺杂生物炭在 N 原子上方），B 位点直接在外壁上的 C—C 键的中点上方（掺杂生物炭分别在 N—Co、N—Ni 的中点上方），H 位点在生物炭外壁六元碳环的质量中心上方（掺杂生物炭在掺杂的六元环的质心上方），Hin 位点在生物炭内壁六元碳环的质心之上）。四种嵌钠结构的总能量列于表 6.2，如表 6.2 中的数据所示，SWCNT 和 N—NiCNT 的最稳定的嵌钠位点都是 Hin 位点，而 H 位点是 N—CoCNT 最稳定的钠化位点，所有的嵌钠生物炭结构如图 6.5 所示。

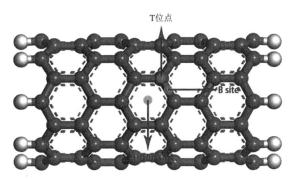

图 6.4　嵌钠位点示意图

(a) SWCNT的Hin位点　　　(b) Ni—CNT的Hin位点　　　(c) N—CoCNT的H位点

图 6.5　最佳嵌钠位置

表 6.2　不同生物炭在不同嵌钠位置的总能量数据表

（单位：eV）

CNTs	B 位点	T 位点	H 位点	Hin 位点
SWCNT	−103302.78	−103302.72	−103302.94	−103303.38
N—NiCNT	−143739.47	−143739.44	−143739.41	−143739.79
N—CoCNT	−141172.00	−141172.00	−141172.08	—

2. 嵌钠性质分析

由于负极的嵌钠能力对钠离子电池的性能起着重要作用，本书对其嵌钠性能进行了研究。所有生物炭的钠化能在表 6.3 中给出，并且计算的基础是方程(6.1)。

表 6.3 不同生物炭在不同嵌钠位点的嵌钠能垒数据表

(单位:eV)

CNTs	B 位点	T 位点	H 位点	Hin 位点
SWCNT	35.23	35.24	35.04	34.62
N—NiCNT	− 2.44	− 2.43	− 2.40	− 2.70
N—CoCNT	− 21.55	− 21.56	− 21.64	—

如表 6.3 中的数据所示,N 和 Ni 的插入明显降低了所有计算位点的钠化能(更负),从而降低了钠化势垒,同时改善了钠离子电池的充、放电性能。此外,本书设计的负极 N—CoCNT 在所有位点的钠化能(B 位点:− 2.44 eV、T 位点:− 2.43 eV、H 位点:− 2.40 eV 和 Hin 位点:− 2.70 eV)都比相应的 N—NiCNT 小得多(B 位点:− 21.55 eV、T 位点:− 211.56 eV 和 H 位点:− 21.64 eV),相比较而言,N—CoCN 比 N—NiCNT 具有更低更低的势垒。

上述研究表明,N 和 Ni 的插入降低了钠化势垒,提高了钠离子电池的性能,并且所设计的阳极 N—CoCNT 由于较低的钠化势垒而比 N—NiCNT 具有更好的钠化性能。

3. 局域态密度分析

局域态密度(PDOS)是研究电子在轨道中分布的一种有效的分析方法。因此,我们分析了所有研究对象的 PDOS 性质,相应的图形如图 6.6 所示。本书所研究的生物炭被分为几个部分,例如 SWCNT 被分成两部分(Na 和 C—H),N—NiCNT 被划分为四部分(Na,C—H,N,Ni),N—CoCNT 被分为(Na,C—H,N 和 Co)。

如图 6.6(a)所示,SWCNT(空心上三角形)主要由 C—H 部分(实心圆)贡献,而 Na 部分(实心正方形)对 SWCNT 的贡献很小,且贡献的原子轨道主要来自 H 1s、C 2s 和 C 2p。对于图 6.6(b)中的 N—NiCNT,N—NiCNTs(实心左三角形)主要由三个部分组成,C—H(实心下三角形,C 2p 轨道)、Ni(实心圆,3d 轨道)和 N(实心上三角形,2p 轨道),而 Na(实心正方形)贡献很小。因此,N—NiCNT 的 PDOS 表明电子分布在 N 和 Ni 原子上,N 2p 和 Ni 3d 轨道对形成稳定的 N-Ni 键起着积极作用,这与 XPS 的实验结果一致。[28] 类似地,如图 6.6(c)所示的 N—CoCNT—PDOS,N—CoCNT(半空心金刚石)主要由 C—H 段(空心圆)、Co(实心五角星)和 N(左空心三角形)组成,而 Na 段对总 DOS 的贡献很小。此外,重金属 Co 3d 轨道和 N 2p 轨道保持强相互作用,有利于形成强的 N—Co 键和稳定的六元共轭环。如上所述,Na 对总 DOS 的贡献较小,主要来源于外层的少量电子,因此,与其他部分相比,贡献程度相对较小。

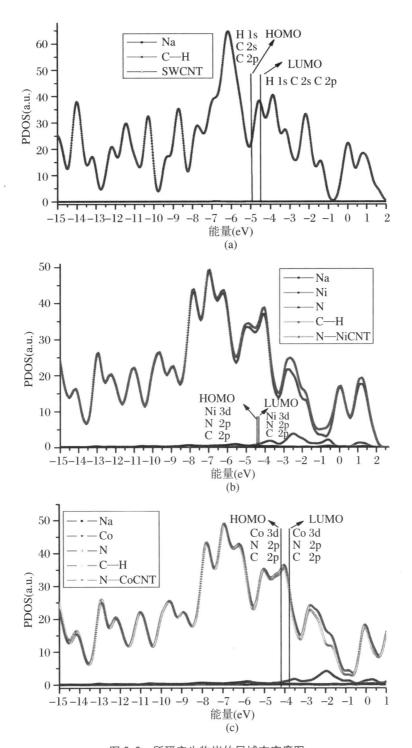

图 6.6　所研究生物炭的局域态密度图

此外,图 6.6 中强调了前线轨道的水平和主要贡献者,HOMO 和 LUMO 水平分别用直线表示。此外,表 6.4 中给出了钠化后生物炭的详细前线分子轨道水平和 E_g 值。通过比较图 6.3 和表 6.4,我们可以看到钠化后所有的前线分子轨道的水平都发生了变化。

表 6.4

CNTs	HOMO	LUMO	E_g (eV)
SWCNT	−4.98	−4.74	0.24
N—NiCNT	−4.42	−4.39	0.50
N—CoCNT	−4.17	−3.86	0.31

总之,N 和 Ni 在生物炭结构中掺杂后形成稳定的化学键,并且 N 2p 和 Ni 3d 保持强相互作用,这有利于形成稳定的六元循环,降低了 Na 插入的势垒。

6.3.3　机理分析及性能预测

阐明嵌钠机理有助于后续的实验研究,这里我们分析了所研究的生物炭分子中的嵌钠机理。实验和理论分别都证明,N 和 Ni 的掺杂提升了生物炭的电化学性能,这可能是由以下原因引起的:一是 N 和 Ni 的掺杂降低了 Na 的嵌入能垒;二是 N 和 Ni 的掺杂为 Na 提供了更大的传输空间。因此,本书所研究的生物炭体系符合吸附填充机制。[29]

对于所设计的 N—CoCNT 结构而言,由于其比 N—NiCNT 具有更稳定的六元环和更小的 Na 转移势垒,所以是潜在的生物炭负极材料。

本书采用第一性原理对比分析了掺杂前后生物炭分子 SWCNT 和 N—NiCNT 的电化学性能,分析了 N—NiCNT 具有更优储钠性能的本质原因。整个研究涉及生物炭分子的电子结构、前沿分子轨道、局域态密度和嵌钠势垒。结果表明,生物炭的嵌钠过程符合吸附填充机制,N 和 Ni 的插入可以有效地降低了 Na 的转移势垒,提供了更大的空间,增强结构稳定性。此外,N 2p 轨道和 Ni 3d 轨道相互作用强烈,与实验结果一致。此外,由于强的 N—Co 相互作用,所设计的 N—CoCNT 生物炭负极比 N—NiCNT 具有更好的稳定性和更小的势垒,是一种很具有发展前途的负极材料。

参 考 文 献

［1］ Xu R，Wang G，Zhou T，et al. Rational design of Si@carbon with robust hierarchically porous custard-apple-like structure to boost lithium storage[J]. Nano Energy，2017，39：253-261.

［2］ Yu L，Wang LP，Liao H，et al. Understanding fundamentals and reaction mechanisms of electrode materials for Na-ion batteries[J]. Small，2018，14(16)：1703338.

［3］ Wahid M，Puthusseri D，Gawli Y，et al. Hard carbons for sodium-ion battery anodes：Synthetic strategies，material properties，and storage mechanisms[J]. Chem. Sus.，2018，11(3)：506-526.

［4］ Zhang Y，Huang Y，Srot V，et al. Enhanced pseudo-capacitive contributions to high-performance sodium storage in TiO_2/C nanofibers via double effects of sulfur modification[J]. Nano-Micro Letters，2020，12(1)：165.

［5］ Xue X，Sun D，Zeng X G，et al. Two-step carbon modification of $NaTi_2(PO_4)_3$ with improved sodium storage performance for Na-ion batteries[J]. Journal of Central South University，2018，25(10)：2320-2331.

［6］ Fan L，Wei S，Li S，et al. Recent progress of the solid-state electrolytes for high-energy metal-based batteries[J]. Advanced Energy Materials，2018，8(11)：1702657.

［7］ Murayama M，Xie X，Guan S，et al. A review on research progress in electrolytes for sodium-ion batteries[J]. Scientia Sinica Technologica，2020，50(3)：247-260.

［8］ Hwang J Y，Myung S T，Sun Y K. Sodium-ion batteries：present and future[J]. Chemical Society Reviews，2017，46(12)：3529-3614.

［9］ Jia R，Shen G，Chen D. Recent progress and future prospects of sodium-ion capacitors [J]. Science China Materials，2020，63(2)：185-206.

［10］ Usiskin R，Lu Y，Popovic J，et al. Fundamentals，status and promise of sodium-based batteries[J]. Nature Reviews Materials，2021，6(11)：1020-1035.

［11］ Kim H，Kim H，Ding Z，et al. Recent progress in electrode materials for sodium-ion batteries[J]. Advanced Energy Materials，2016，6(19)：1600943.

［12］ Pan H，Hu Y S，Chen L. Room-temperature stationary sodium-ion batteries for large-scale electric energy storage［J］. Energy & Environmental Science，2013，6（8）：2338-2360.

［13］ Wang Q，Zhao C，Lu Y，et al. Advanced nanostructured anode materials for sodium-ion batteries[J]. Small，2017，13(42)：1701835.

［14］ Li Y，Yuan Y，Bai Y，et al. Insights into the Na^+ storage mechanism of phosphorusfunctionalized hard carbon as ultrahigh capacity anodes[J]. Advanced Energy Materials, 2018, 8(18): 1702781.

[15] Moctar I E, Ni Q, Wu C, et al. Hard carbon anode materials for sodium-ion batteries [J]. Functional Materials Letters, 2018, 11(6): 1830003.

[16] Wu F, Zhang M, Bai Y, et al. Lotus seedpod-derived hard carbon with hierarchical porous structure as stable anode for sodium-ion batteries[J]. ACS Applied Materials & Interfaces, 2019, 11(13): 12554-12561.

[17] Bai Y, Wang Z, Wu C, et al. Hard carbon originated from polyvinyl chloride nanofibers as high-performance anode material for Na-ion battery[J]. ACS Applied Materials & Interfaces, 2015, 7(9): 5598-5604.

[18] Wu F, Dong R, Bai Y, et al. Phosphorus-doped hard carbon nanofibers prepared by electrospinning as an anode in sodium-ion batteries[J]. ACS Applied Materials & Interfaces, 2018, 10(25): 21335-32342.

[19] Lin X, Liu Y, Tan H, et al. Advanced lignin-derived hard carbon for Na-ion batteries and a comparison with Li and K ion storage[J]. Carbon, 2020, 157: 316-323.

[20] Zhang B, Ghimbeu C M, Laberty C, et al. Correlation between microstructure and Na storage behavior in hard carbon[J]. Advanced Energy Materials, 2016, 6(1): 1501588.

[21] Lu M, Huang Y, Chen C. Cedarwood bard-derived hard carbon as anode for high performance sodium-ion batteries[J]. Energy Fuels, 2020, 34 (9): 11489-11497.

[22] Song K, Liu J, Dai H, et al. Atomically dispersed Ni induced by ultrahigh N-doped carbon enables stable sodium storage[J]. Chem, 2021, 7(10): 2684-2694.

[23] Liu T, Ye H, Li J, et al. Synthesis and sodium storage performance of the nickel metal and nitrogen element co-doped carbon nanotube materials[J]. Journal of Chinese Electron Microscopy Society, 2021, 40(3): 228-233.

[24] Avramov P V, Kudin K N, Scuseria G E. Single wall carbon nanotubes density of states: Comparison of experiment and theory[J]. Chemical Physics Letters, 2003, 370(5): 597-601.

[25] Perdew J P, Wang Y. Accurate and simple analytic representation of the electron-gas correlation energy[J]. Physical Review B, 1992, 45(23): 13244-13249.

[26] Yang J, Liu X, Wang Y, et al. Electrolytes polymerization-induced cathode-electrolyte-interphase for high voltage lithium-ion batteries[J]. Advanced Energy Materials, 2021, 11(39): 2101956.

[27] Karimi N, Zarrabeitia M, Mariani A, et al. Nonfluorinated ionic iiquid electrolytes for lithium metal batteries: ionic conduction, electrochemistry, and interphase formation [J]. Advanced Energy Materials, 2021, 11(4): 2003521.

[28] Bai P, He Y, Zou X, et al. Elucidation of the sodium-storage mechanism in hard carbons[J]. Advanced Energy Materials, 2018, 8(15): 1703217.